国家公益性科研院所基本科研业务费项目资助

课题制背景下科研管理现状及潜力调查研究

◎ 赵海霞　刘雅学　任卫波　著

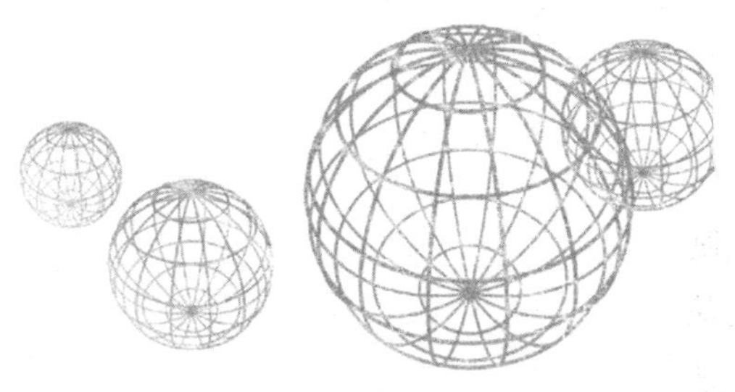

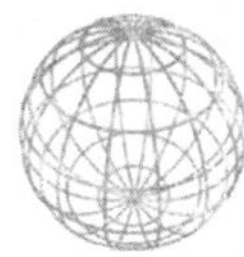

中国农业科学技术出版社

图书在版编目（CIP）数据

课题制背景下科研管理现状及潜力调查研究 / 赵海霞，刘雅学，任卫波著 . —北京：中国农业科学技术出版社，2017. 12

ISBN 978-7-5116-3280-7

Ⅰ. ①课… Ⅱ. ①赵… ②刘… ③任… Ⅲ. ① 科研管理—研究—中国 Ⅳ. ①G322.1

中国版本图书馆 CIP 数据核字（2017）第 239312 号

责任编辑 李冠桥
责任校对 马广洋
出 版 者 中国农业科学技术出版社
北京市中关村南大街12号　　邮编：100081
电　　话 （010）82109705（编辑室）（010）82109702（发行部）
（010）82109709（读者服务部）
传　　真 （010）82106625
网　　址 http：// www.castp.cn
经　　销 各地新华书店
印　　刷 北京富泰印刷有限责任公司
开　　本 890mm×1 240mm　1/32
印　　张 3.875
字　　数 84千字
版　　次 2017年12月第1版　2017年12月第1次印刷
定　　价 25.00元

《课题制背景下科研管理现状及潜力调查研究》

著者名单

主　著	赵海霞	刘雅学	任卫波
参　著	常　春	秦　艳	钱贵霞
	丁　勇	徐春波	徐林波
	张文静	田青松	乌兰巴特尔
	张晓庆	李　鹏	胡海红
审稿人	王宗礼	侯向阳	王育青
	李志勇	刘雅学	
审　校	刘雅学	任卫波	赵来喜

前　言

科技创新——国家经济、社会可持续发展的动力，科研管理对于科技、经济、社会发展都起着举足轻重的作用。随着经济的蓬勃发展，国家对科研活动投入力度逐年递增，但科研成果却没有明显增加。我国的科研管理水平仍比国外发达国家存在着较大的差距。

所以，在课题制的大背景下，在充分认识科研管理重要性的基础上，积极探索加强科研管理的有效措施，挖掘科研管理潜力，对构建完整、系统的国家科研管理模式，提高国家整体科技水平，推动国家经济与社会持续发展，实现国家发展战略具有重大意义。

《课题制背景下科研管理现状及潜力调查研究》介绍了我国实施的课题制管理模式，在查阅大量文献资料和与科研管理的相关人员进行讨论的基础上，结合著者自身工作经历设计出调查问卷，并对科研管理现实状况进行了较为系统、全面的调查研究，调查内容主要包括四个方面：科研管理制度建设的现状；科研项目全过程管理的现状；课题制背景下，对人、财、物等资源的配置状况；科研管理队伍的建设现状。在问卷调查的基础上，构建了科研管理水平潜力指标评价体系，结合调研数据，评价、比较了高等院校和科研院所的科研管理水平的未来潜力，结果显示科研院所科研管理水平的未来潜力要高于高等院校。梳理了我国在课题制背景下的科研管理现状，分析了当前我国科研管理暴露的问题，主要涉及依托单位及上级主管部门和政策执行层面两个方面的问题；探究其原因，通过系统分析和归纳总结，结合我国实际情况，提出提升我国科研管理潜力的思路和措施：提倡全员参与科研管理制度的构建和完善；重视依托单位的作用，发挥依托单位组织、协调资源的优势，创造良好的科研环境；坚持从实际出发，深化认识，不断完善课题制。

《课题制背景下科研管理现状及潜力调查研究》的出版，受到了国家公益性科研院所基本科研业务费项目的大力资助，在草原研究所的协调组织下，得到了相关部门和同事们的大力协助，在此谨致诚挚的谢意。在本书撰写过程中，参考了国内外相关文献，由于篇幅所限，书中仅列主要参考文献，在此一并致谢。

由于著者水平有限，错误和疏漏之处在所难免，恳请批评指正，以便修订完善。

著　者

2017年9月

目　　录

1 绪　　论

1.1 选题背景及意义

"管理是生产力的倍增器和放大器。无论是技术、人才、设备，没有管理都不能发挥力量（杨力，2003）。" 国外甚至有"三分技术，七分管理"的说法。因为没有科研管理，就无法进行正常、有序的科研活动。有效的科研管理是增强科研实力、提高科研水平的重要保障。科研管理是影响科研活动质量和效益的重要因素之一，也是关系到我国科技发展的重要因素（曲蔷薇，2008）。专家分析，在我国只提高管理和现有设备不变的情况下，就可使生产效率增加一倍以上。

科研管理是管理学科的新领域。随着科学研究的社会化和分工的细化，科研管理逐步从科研过程中分离出来，并成长为现代科研体系中的一个独立管理部门（王东军，2007）。科研管理是科研活动顺畅进行的必要保障。所谓科研管理，就是遵循科技发展规律和管理学相关原理，为了保证科研计划圆满完成，提高竞争力，而从项目申请立项论证、组织实施、检查评估、验收鉴定、成果申报、科技推广、档案入卷等科研过程中的各个环节实行制度化和科学化的管理，并对此过程中相关的人、财、物、信息等按照一定的管理目标，进行组织、控制，使之达到最佳完成程度。科研管理工作的性质，决定了它既与具体的科学研究不同，也与一般的单纯的事务性、执行性的行政工作有所区别。究其实质，科研管理有其特定的功能和要求，是一项兼顾科学研究规律与行政管理的复杂的社会工作。仔细分析科研管理的内容，它包括各种科研规章制度的拟定、科研项目立项及立项后的管理服务以及学科建设、学术交流等各种与科学研究相关的内容。而且，随着我国社会科学研究的繁荣，科研工作表现出各种新的特性，科研管理工作也将会随之变化。因此，科研管理工作是一项外延无限延展的创新的社会工作。

科研管理是科研事业的重要组成部分，是科研事业生存和发展之本，它直接影响着科研事业的有序进行，关系到研究成果的产出和质量。加强科研管理工作，一方面能加强资源配置、降低科研成本、提高科研效率，推动重大科研成果的产出；另一方面也能从管理中，加强对比分析，明晰科研优势劣势，汲取先进经验，实现科研后发发展。科研管理作为科研工作的重要推动力，贯穿于整个科研过程，渗透在各个科研环节，对提高科研质量和水平具有重要的影响。对科研项目实施科学有效管理，是市场经济发展的要求，也是科研事业健康发展的保障（王东军，2007）。概括而言，科研管理的主要作用是保证和维护科研体系的正常、有效运转。

在目前世界经济全球化的背景下，科技对社会的发展产生着深远的影响。科研项目是科技事业发展的重要组成部分，科研水平是一个国家软实力的重要指标，它预示着一个国家未来社会发展的前景。当今世界各国都在加大科研项目投入的力度，提高科研经费投入产出效益。当前，在发达国家中，科技进步对经济社会增长的贡献率，大都达到了60%~80%甚至更高（胡骏红，2007）。在经济全球化和竞争日益激烈的全新时期，随着我国经济的蓬勃发展，我国的科学、教育、经济等领域的发展将逐渐与世界各国趋于融合。与此同时，我国在科技发展、科技成果转化、科学、技术、经济一体化等方面也将面临更大的压力。国家对科学研究投入逐年递增，科研项目在推动科技发展和社会进步方面的作用日益突出。一个项目动辄百万千万，有的甚至上亿。但是，与发达国家相比，我国科技计划项目成果对经济的贡献率还比较低。因此，加强科研管理，改进与完善我国现行科研管理体制已成为当前科技与经济形势发展的迫切要求。在这种情况下，竞争的焦点集中在人才的竞争和组织管理的竞争。研究我国科技管理的现状，分析项目全程管理中出现的主要问题，提出新时期改革和完善我国科研管理体制的措施，已成当务之急。

目前，我国课题多数由国家或政府部门投资为实现特定科研目标而设立。尤其是农业科研单位获取的科研经费以政府投入为主，且80%以上的科研经费采用课题制管理。近年来，课题制的实施取得了明显的效果，有力地推动了科研管理的科学化、规范化，对于提高科技资源配置，完善科学的科研管理体系发挥了重要作用。与此同时，课题制的实施使得科研管理面临的问题更复杂，处理难度更大，课题制管理对科研管理工作提出了全新的挑战和要求。

而与这样艰巨的任务和挑战同时存在的是被动的科研管理，管理制度相对陈旧、管理模式相对单一，管理观念相对落后，管理队伍建设严重滞后等制约科技创新的障碍，这些都不能与课题制相适应，不能最大限度地发挥课题制的优势。

同时，课题制管理也为管理创新提供了机遇。因此，在注重科研项目常规管理的同时，更需结合课题制管理的特点，加强科研管理创新研究，提高管理水平，以优化科技资源配置效率，保障课题制的高效实施（华琳和李栩辉，2004），适应新形势下科研管理工作的需要。

课题制是一个管理机制，一个好机制的形成需要时间，这既包括认识上的，也包括环境条件等方面的，而且机制本身也有一个不断调整、完善的过程。

课题制的实施在不同时期也有着不同的特点，课题制本身也是不断发展变化的，并且科研活动和科研环境也在不断地变化和发展，例如课题类别日益多样化，数量不断增多，大型课题以及国际化课题逐渐增多，研究手段和研究方法日益丰富，横向合作日益活跃等，因此，课题制的发展与完善依赖于实践的检验，它有必要与时俱进，在实践中发展并逐渐成熟、完善，促进我们的科研管理迈向更高的水平（王洪礼，2013）。

并且，课题制是计划体制发展到市场经济过渡时期的新生事物，也出现了一些不尽如人意之处，从其理论、认识到实施需要一个不断研究、发展和完善的过程。

因此，在课题制的大背景下，进一步提高科研管理水平，挖掘科研管理潜力，是不断改进、完善课题制管理的需要，是激发科研工作者科研潜能的原动力，是提升科研竞争力的基础，是科技创新的重要前提，也是科技进步的重要推动力，是适应课题制管理模式的迫切要求，也是适应科研活动变化、发展的需求。

为了在课题制的大背景下提高科研院所的科研管理水平，挖掘科研管理潜力，实现科研资源（人、财、物）的优化组合，充分的调动科研人员的积极性和创造潜能，提高科研效率，加强科研实力，增强科研创新潜力，我们有必要研究其现状，分析其原因，探索进一步完善科研管理、提高科研管理效益的方法。

对此，我国学者也开展了大量有关科研管理的研究，并取得了很多研究成果，但多数较为零散，仅捕捉到一些现实的问题，或不够系统，或不够深入，或不具备普遍的指导性，且大都未经过实际、系统的调研，尤其是在剖析问题基础上的可操作性较强的应对策略。而对于大多数科研院所及高校而言，这些恰恰是最为需要的。但是，前人的研究为我们奠定了很好的基础。为此，本研究在借鉴前人已有研究成果的基础上，对我国北方的部分农业科研院所及高校的科技人员特别是长期活跃在科研一线的主要科研力量进行了问卷调查，对我国北方的农业科研及科研管理现状进行了系统的调查研究，以了解一线科技人员对所在单位科研和科研管理现状的认识和意见，找到科研管理的“短板”，分析总结，探其原因，有的放矢地提出解决方案及对策，全面挖掘科研管理潜力，切实提高科研管理效益。本研究以现实状况调查为基点，具有较强的针对性、可靠性和可操作性，并为今后的科研管理研究提供资料和理论借鉴。

1.2 国内外相关研究现状

1.2.1 国外相关研究

科研管理问题，一直是国内外关注的重点和热点。科研管理是科研活动有序开展的保障。有专家指出，国外发达国家科学发展非常迅速的原因之一是对科研项目的管理实行了改革。政府部门对科技活动进行有效的管理，对其作用的发挥具有重大意义。不少先进国家均把科研管理列为重点研究对象，不断地进行改革，以促进科学事业的发展，推动综合国力的提高。

西方发达国家通过不断对科研管理实行改革，并在科学基金制度下执行科技合同，科研课题制成为科研活动开展和组织的基本形式。第二次世界大战以来，科学技术的不断进步和科技经济日益结合的背景下，以美国国家科学基金的建立为标志，发达国家或地区在科学研究活动中，普遍形成以课题为核心的组织管理模式。课题制成为当今“世界各国或地区进行研究与开发活动的一种行之有效的和普遍采用的基本制度。”并不断改革、完善，形成了各具特色的项目管理体系。

美、英等国的科学研究在世界上享有很高声誉，这些国家非常重视科研管理研究。其科研管理已经成为一个学术领域，形成了自身的学术组织、学术刊物、学术群体，其专业化科研管理活动极大地推动了科研机构科研活动的发展。美、英科研管理在组织机构、交流平台、培训体系方面体现出高度的专业化水准，极大地提高了美、英国家科研管理的成效，推动了科研活动的进展（宋鸿雁，2012）。

美国的科研管理对课题的选择、组织有两种形式：一是由科学技术政策办公室下达科研任务，此办公室主任由总统科学顾问兼任。此类科研课题代表国家性质，大多是涉及国家政策、国家安全、经济发展和社会利益等方面，是对国家具有重大影响的研究项目。课题采取合同制，研究合同双方为政府部门与项目承担者。二是由高校科研机构选题。美国的基础研究基本都在大学中开展，这种课题执行形式的牵头人是教授。教授决定该项研究的选题、执行计划以及课题成员的组成，并且科研经费的使用权也归课题负责人教授所有（李玲燕，2007）。

美国的重大项目管理从立项、执行到应用的过程可概括为：重大科技项目的提出要受到参众两院的质询，同时受到司法部门的制约。立项之后具体实施科学技术研究的政府研究机构、大学和工业研究机构形成彼此没有隶属关系的各自独立的三大科研系统，它们相互渗透、相互依存、相互合作又相互竞争。美国科技体制的特点决定美国重大科技项目的管理模式有其自身的特点：多元分散型的管理模式。这种模式下，科学研究和开发应用具备很强的自由度和自主性，各部门根据自身实际情况，可以形成自己独特的科技管理方式。科技成果的应用则交给市场去推动（王化琴，2012）。

近年来，英国政府对科技经费的分配方式进行了改革，以提高科技经费的使用效率。其主要发展方向为增强科研经费竞争、择优选择、优胜劣汰。英国政府规定，负责主要战略性研究经费及基本科学研究经费的各研究委员会在经费分配时，要允许政府各部门研究机构和其他的专业研究委员会前来申请，其中国防研究费属参与公开部分：这部分经费的分配将打破部门的界限，改变之前全部拨给国防科研机构的方式，允许民间科研机构参与竞争（赵凤和陈泰，2012）。

另外，英国政府格外重视科技评价工作，其科研管理部门实行严格的科技评价制度。政府各部门都设有评价机构，在内阁办公室也设有科技评价办公室，科研评价工作可以说是科研项目全程评价，从科研项目申请评价、科研项目执行过程中管理的评价到对已完成的科研项目成果的评价。多年来，英国各部门基本上采用的是同行评议的方式，一般评审委员会成员多为本学科领域的知名专家。基础研究项目评审主要采用“投入–产出”评价法，即评审的主要指标和依据是该项目的科技人员在国内外科技期刊上发表的科学论文数量和质量。

20世纪后半叶，日本的科研项目也实施了课题制管理模式，其科研活动以企业为中心、大学科研单位密切合作、政府通力协调。与其他国家相比，日本更加注重企业、科研单位、政府三者间的协调、合作及同行之间的竞争。企业资助是其科研经费的主要来源，其产学研合作的机制已基本完善。个人选题是其开展科学研究的主要形式。其中，人文、社科类研究项目中，自选课题约占 80%。日本科研管理最突出的特点是“讲座”教授领衔的教授组团模式：一名讲座教授，若干名副教授、博士生、教学辅助人员、技术人员、行政人员共同组成课题组。课题的选定、实施、经费使用、人员构成和最终科研成果都由领衔教授来定，这样的管理模式使得科研人员的自主性得到了充分体现（赵凤和陈泰，2012）。

日本非常重视科研项目的评价，已经形成比较完善的、范围较广的科研评价体系。其评价内容具体包括：目标评价、立项评价、体系评价、方法评价、场所评价、时间评价、经营评价、效益评价、进度评价、创新评价、经费评价和人才评价（郑戈等，2012）。既包括对研究开发项目的评价，也包括对研究人员和研究机构的评价。日本的科研管理主要以项目承担单位自行管理为主，资助方执行项目评价，其评价依据主要是项目的阶段性成果报告。项目承担单位在科研管理中扮演着十分重要的角色。科研单位的信用评价在其科研评价体系中占有非常重要的地位，直接影响其未来科研项目是否获得资助（何景师等，2012）。

作为科技能力不断提升的德国，世界上科学技术最发达的国家之一。其在科研管理体制上不断研究、完善，形成了高质量、高效率的科研管理机制。

德意志联邦共和国是第二次世界大战后的德国，一直奉行社会市场经济制度，并严格遵循民主、法治、福利和联邦制等四项国家制度基本原则。这些都是德国科技体制的背景和基础。

过去，德国主要是传统的分散型科技体制，现在逐步过渡形成分散集中型。也即联邦分权制下的科研管理模式：国家通过多种渠道支持科技事业，政府部门通过经费控制实现其宏观调控，以控制投资导向，通过指标体系评价学术部门的科研工作，科学家具体管理协会和研究所，其为独立法人机构。政府不断加强集中协调功能，扩大职权范围，加强科技方面的管理。德国政府科技宏观管理部门即德国联邦教育研究部（简称“联邦教研部”）把专业领域的研究计划的管理委托给专门设立的“项目协调管理单位”完成。“项目协调管理单位”按照专业领域实行项目管理，据统计，这样的管理单位共设有14个（潘慧，2011）。

在德国，重大科研计划都是根据国家发展战略及社会、经济的发展需求来确定的，即政府提出问题，通过科研达到目的。这些科研项目从申报、立项到评估、审批有着完善的运作规范和管理体系。因此，其科研项目布局有着明确的目标性和鲜明的针对性，即必须有利于经济竞争力提升；有实用意义；能保证为未来的就业创造位置；能在本领域保持国际上的领先水平；对生态环境有保护作用。

经过不断地发展和完善，德国建立起较为完备的成套项目审批制度和管理程序：政府提出研究框架，项目单位申报，中介咨询机构帮助筹划申报方案，评估机构进行审查、评估、提出批准方案，政府组织专家委员会研究审批。中介组织负责了大量的工作，并基本确定研究经费的获得者。这些中介机构不仅要对政府负责，还要对公众负责，多是非营利的公益性机构。中介机构按照专业类别设有相应的部门或委员会，掌握着研究领域的最新动态，保持在所对应专业领域中的权威地位，并对相应领域的上报项目进行管理（李晋，2009）。

政府部门在项目评审和管理中的影响力很小，坚持以公开、公平、公正为原则，放手让中介组织、各领域专家负责，以保证通过竞争让实力最强的科研单位或科学家获得项目资助。同时，非常注重项目的跟踪管理。对未完成项目研究任务的单位会实施严重的处罚，即限制其以后获得项目资助的可能性，加大其申报难度且申报程序更为复杂。这种调控手段使得90%以上的项目都能完成预期研究任务，保证了项目完成的质量和成功率（赵铮和顾新，2008）。

目前，国外的科研管理研究主要包括以下几个方面：科研管理的内容、方法、原则，科研成果转化问题、产学研合作问题和电子化科研管理等。国外有人把科研管理工作概括为最有效的使用4个M，即人员（Man），机器设备（Machine），经费（Money），材料（Material）。根据国外研究机构多年的科学统计及观察，科研项目的早期论证，对增强科研管理效率，提高经费使用效率起着相当大的决定作用。其中，在方案探索结束时做出的决策对全周期费用的影响度达70%；到演示实验结束时，影响度达85%（李桂荣和黄宏，2003；Corley等，2006；Marco等，2007）。

1.2.2 国内相关研究

国内，针对我国的科研管理现状也展开了大量的研究，且自20世纪90年代中期，相关研究数量呈明显上升趋势，表明我国对科研管理工作越来越重视，科学管理、创新管理的意识逐渐加强。

从20世纪80年代起，我国关于科研管理的学术著作不断问世。早期产生较大影响的有《科技管理基础》，栾早春于1983年编著，本书阐述了科研管理活动中的各种重要问题。《高校科研管理概论》，梁其建、姜英于1987年编著，该书最早对高等院校科研管理展开了全方位的探讨和审视，为科研管理理论的发展奠定了基础。《高等学校科研管理》，薛天祥于1987年主编，此书利用大量的案例分析，从管理学的角度，对高校科研管理进行了研究，是一部富有理论建树的不可多得的著作。全方位开展科研管理研究的学术专著还有一些，如《高校科研发展探索》，1992年云南大学出版社出版；《高校科技管理》，由陈震、赵经贵主编，1996年黑龙江教育出版社出版，等等。2005年一本新的科研管理著作《高校科研管理研究》问世，由杨力主编，中南大学出版社出版。该书从科研管理的四大研究领域即科研管理对象、科研管理主体、科研管理方法、科研管理关系分别论述，最终成为一个有机整体。

对于科研管理研究的文章也很多，从1982年到2010年末，关于科研管理的文章共有4 382篇。其中较多地开展了以下几个方面的研究。

1.2.2.1 加强科研管理

科研管理主要由科研经费管理、人员管理、信息管理、设备管理和档案管理等几大部分组成。科研管理是一个复杂的系统工作，积极探索有效的科研管理途径和方法，使科研管理更规范、更科学、更有成效是非常有必要的（毛慧玲，2009）。建立科学合理的科研人员考核机制，最大限度地发挥科研设备的功用，重视科研档案的保存等均可加强系统管理（孙小虹和项滨，2007）。在科研管理中，为保障科研项目的顺利进行，需要科研管理人员从中协调。协调是通过一系列行政手段对科研活动全过程进行规范和指导，实现学科联合，优势互补，提高综合竞争力（刘占莲等，2005）。

在科研管理本身的研究中，科研经费管理占有相当的数量。科研经费是科研活动赖以开展的物质保障，是科技创新和知识生产的基本条件和重要基础（闻海燕，2009）。科研管理的终极目标是合理有效地使用科研项目经费，提升科学研究的效率和实力（孙玉霞，2008）。郝立纺、聂占五提出了高校科研项目的成本管理系统，包括在科研活动中建立和完善成本管理的责任制度；编制科研项目预算计划、开展成本预测；进行科研项目成本核算，组织好日常成本控制与监督工作；开展定期的科研项目成本分析与考核（郝立纺和聂占五，2003）。

在项目管理中尤其是重大项目的管理中，应该极大地发挥信息技术对项目管理的作用，例如应用项目管理软件提高管理效率，以提高科研管理人员的主动性，成为项目进度变更的告知者，而不是被告知者；进一步主动地对项目进度加以协调、控制，不仅仅作项目进度的记录员（郑戈等，2010）。加强科研信息管理，科研信息纷繁复杂，包括专业信息和科研项目申报信息等。公开、透明地向广大科研工作者提供全面的科研信息包含了科研活动所产生的相关信息、科研活动中所需的各类信息、科研管理部门所颁布的管理性文件等（龚玉芬，2004）。此外，运用数据挖掘技术，开发利用好数据库、图书馆等多种信息资源，为科研工作的顺利进行打下良好的基础（许寅超，2005）。

刘春芳对现行科研管理体制进行分析，发现其中存在的弊端，并提出了“初”“中”“后”“一条龙”的高校科研管理体制的新模式（刘春芳，1994）。徐鸣华等利用专家访谈的方式，比较、分析中国科学院和我国高校现行的科技管理模式，探讨了双方存在的利弊，并提出对策建议，为科技管理者提供参考（徐鸣华等，2007）。

秦竹等详细分析了美国大学科研管理模式，指出科技处和财务处应加强合作，并提出三点启示以便共同做好科研项目和科研经费管理工作（秦竹和何立芳，2008）。张建国和李志丹在学习清华大学等5所高校经验的基础上，开展调研，介绍了其科研经费规模、科研管理工作情况、科研基地建设等，并对本校科研管理提出了要想方设法使科研经费再上新台阶等几点经验借鉴（李志丹和张建国，1999）。

1.2.2.2 科研项目全程管理

科研项目全程管理又称过程管理，是按照课题的目标要求，对主要研究人员自身因素及外部因素诸多环节进行管理（梁卫华等，2003）。其包括信息反馈、组织实施、检查与评价等内容，涵盖课题的前期、中期和后期管理。科研项目的中期管理起着承上启下的作用，是整个课题管理的中心环节，所以中期管理显得尤为重要（周增桓等，2006）。成果鉴定和成果奖的获得属于消极的科研项目评价形式，我国多数的数科研项目采取这样的评价。绩效是与劳动消耗有对比关系的人们在实践活动所产生的、可以度量的、对社会有益的结果（白坤朝等，2004）。

1.2.2.3　科研管理现状、存在的主要问题及解决途径（对策）

我国科研管理工作者在对相关文献归纳和对自身工作经验总结的基础上，发现我国科研院所改制以来，在科研管理上存在的一些问题：管理观念比较落后、管理模式陈旧、管理方法不够科学（王清和丁可可，2008）；缺少合理、健全的现代科技管理体系，缺乏激励机制，管理队伍不稳定，管理人员积极性不高（吴林妃等，2009）；科研管理平台建设不完善、缺乏与时俱进的科研管理观念、科研资金投入不足，缺乏有效的创新及运行激励机制、科研管理的人才队伍建设不到位等（李蕴和李家军，2007）；“重申报，轻研究”，合同意识淡薄，不可控因素较多（何忠良，2008）；立项前期可行性论证不足，项目实施过程缺乏有效的动态监督机制，科技项目“小、散、低”，无法形成链条模型，没有引进竞争机制，难以组合一流团队，成果评价机制倒置，导向作用偏离初衷等（廖淑琼，2008）。针对这些问题提出了相应的解决措施及途径：创新管理观念、管理模式及管理方法；增强管理创新意识，组建高校科研创新研究平台，进行科技资源和人才的有效整合，建立结构合理、精干高效的科研工作体系及加强科研管理队伍建设等；强科技成果的知识产权保护、强化科研管理的服务意识，建立科学的激励机制、抓紧继续教育，提升科研管理团队素质；建立健全项目监控评价体系；加强项目管理培训工作；推进项目管理网络化；完善项目评估体系等（郑戈等，2010；何景师等，2012；潘慧，2011；李晋，2009；赵铮和顾新，2009；李桂荣和黄宏，2003；毛慧玲，2009；孙小虹和项滨，2007）。

1.2.2.4 科研管理队伍建设

研究队伍和科研管理队伍共同组成了科研队伍，两者只是因岗位的不同而担任着不同的任务，二者缺一不可（郭颖，2003）。杜学亮认为我国科研管理队伍建设的现状和问题，不仅表现在编制少、待遇低等客观方面，还表现在素质低、服务意识欠缺等主观方面。在科研活动发展中，科研管理队伍居于科研活动组织者的重要地位。科研管理队伍建设，既要重视观念上的建设，又要从机制上、制度上保证建设，以形成一支懂管理、精专业的专职的专业化队伍，满足科研活动需要，推动科研发展进程（杜学亮，2009）。陈淑媛认为科技管理队伍是科技工作中不可或缺的重要力量，在科研队伍管理中如何贯彻科技创新理念，寻求创新，从而有效服务科研工作，是促进科技工作发展的关键（陈淑媛，2008）。

1.2.2.5 科研管理制度

对于科研管理制度，学者们也进行了大量研究，并提出了各自的对策与建议。徐修德认为，有必要建立项目全过程管理机制。其基本思路为：①建立项目中期汇报制度；②建立网上学术研讨制度；③建立视频知识网络。具体途径和方法为：①开发管理软件，主要包括网上交流体系、知识库、项目中期汇报体系和学术交流体系；②制定管理规则，建立运行机制；③注意网络安全，制定保密和保护知识产权的规则（徐修德，2003）。张鸿翔认为目前“信用缺失”的现象在我国科研活动中较为严重，直接影响到科研资源配置效率和科研体系的完善，因此，须建立科研管理信用制度并对其适用对象、信用要素与管理环节进行了分析，提出了一些建议（张鸿翔，2004）。甘霞认为科学有效的激励在管理工作中具有重要作用，可调动人的积极性和创造性，对组织目标的实现和组织的发展具有重要意义。科研单位通过评价激励、物质激励等激励方式来调动科研人员积极性，但存在物质激励与精神激励失衡、激励体系不完整、惩处制度不完善等问题，因此，须建立科学灵活的激励制度，营造健康向上的激励氛围来保障制度的顺利实施（甘霞，2007）。王明明，戴鸿轶指出我国科研课题管理制度体系主要存在管理制度体系的不健全，科研管理制度较混乱，缺乏实用性与针对性，实效性不强，其法律效力有待提升，科研课题管理的信用机制普遍缺乏，监管不力等问题，需进一步理解“课题制”内涵，建立经常化、专门化的制度监测、评估、清理等机制，完善科研管理制度体系（王明明和戴鸿轶，2006）。在科研管理制度研究中有相当一部学者研究了科研激励机制。人们对物质金钱和财产等的占有欲，表现为一种发自内心的物质利益上的动力（柴建军和陆涛，2004）。利用这种心理，对于所有科研活动的参与者都给予一定的物质激励。人们在生理和物质需要得到满足以后，还有对精神的需要、对成就的需要（罗艳霞，2005）。一般而言，文化层次越高，个体素质越高的人往往有更大的抱负和理想，精神性激励作用就越强（王明明和戴鸿轶，2006）。

综观上述研究，国内研究者在科研管理研究方面已经做了大量的工作，针对我国科研管理存在的问题及措施进行了大量的研究，借鉴了国外的部分先进管理经验，提出了解决目前科研管理某些方面问题的相关对策，这些成果为本项研究奠定了良好的基础，也为本书的写作提供了翔实的资料和理论借鉴。但是，已有研究成果还存在着诸多不尽如人意之处，主要表现在：相关研究成果的理论基础较弱，大部分研究都集中于研究科研管理中的部分问题，系统的分析和研究较少，相关分析不够深入，不够深刻；对科研管理整体水平的研究也很少，且大部分成果比较简略；在措施的可操作性和实施效果方面存在着明显差距，等等。本书在前人研究的基础上，通过查阅大量的相关研究资料，结合实际工作情况，对科研管理现实状况进行了较为系统、全面的调查研究，梳理了课题制背景下我国科研管理的现状和问题，分析了产生的原因，提出完善科研管理机制的对策和建议，挖掘科研管理潜力，提升科研管理水平。希望能为这一课题今后的研究添砖加瓦。

1.3　研究思路与内容

1.3.1　研究思路

本研究力图从我国科研院所及高校的科研管理现状出

发，结合以往研究的经验和成果，对科研管理存在的问题详细分析，梳理出提升科研管理潜力的要素，并以此为指导，结合我国科研院所及高校的科研管理实际情况，设计确定“关于我国科研院所和高等院校科研管理现状问卷调查”，了解科研管理现状，发现存在的问题，分析其症结所在，有的放矢地提出解决方案及对策。

1.3.2　研究内容

在我国科研项目实施课题制的大背景下，主要以我国科研管理现状及潜力挖掘为研究主题，对我国北方科研院所科研管理现状进行系统、全面的调查研究，分析课题制背景下我国科研管理的现状、问题及其产生的原因，提出完善科研管理机制的对策和建议，挖掘科研管理潜力。主要内容如下。

第一部分，介绍选题的背景和意义、论文的研究思路和研究内容、文章的研究方法。

第二部分，课题制背景下科研管理现状调查。首先介绍了课题制及课题制科研管理的主要内容。其次对课题制下的科研管理现状展开调查，包括调查的基本情况和调查的结果与分析。从四个方面阐述了我国科研管理现状，即科研管理制度建设的现状；科研项目全过程管理的现状；课题制背景下，对人、财、物等资源的配置状况；科研管理队伍的建设现状。

第三部分，课题制背景下科研管理中存在的问题及原因。在梳理调查结果的基础上，总结出课题制背景下我国科研管理工作中存在的问题，并深入分析的其产生的原因。经费运行特征及状况进行分析。

第四部分，构建科研管理水平潜力指标评价体系，结合调研数据，对不同科研单位及所在地区的科研管理水平潜力进行评价，得出高等院校和科研院所的科研潜力水平以及各地区的发展潜力。

第五部分，结论及课题制背景下提升科研管理潜力的对策及建议。在分析科研管理存在的问题及原因的基础上，提出提升科研管理潜力的对策及建议。

1.4 研究方法

（1）文献研究法。通过查阅相关的书籍、期刊，报纸、杂志，结合图书馆、互联网等渠道对相关文献进行了收集和整理，并鉴别吸纳，以此作为研究的基础。了解国内外科研管理的研究成果及科研管理研究现状，总结当前科研管理方面存在的问题。

（2）问卷调查法。在文献研究的基础上，分析整理出科研管理存在的普遍问题，自行设计“关于我国科研院所和高等院校科研管理现状问卷调查”，展开实践调研活动，了解当前我国北方农业科研管理现状及存在的问题。

（3）综合指标评价法。为了评价课题制背景下科研管理潜力，从科研管理制度、科研管理队伍、已实施管理措施这三方面属性分别选择指标，并根据不同调研机构实际情况，以及专家意见基础上构建了科研管理水平潜力指标评价体系，然后用调研数据对高等院校和科研院所的科研管理水平的未来潜力进行比较分析，可以得出高等院校和科研院所的科研潜力水平以及各地区的发展潜力。

2 课题制背景下科研管理及其现状分析

2.1 课题制及课题制科研管理

2.1.1 我国课题制的实施

科研管理制度的转变作为我国科技体制改革的一项重要内容，有其鲜明的时代背景，与我国现行的科研计划管理制度和国际科技发展趋势息息相关。我国科技发展战略从跟踪模仿到跨越的重大转移，为管理制度的转变指明了方向。随着我国科技体制改革的不断深入和市场经济的不断发展，我国传统的科研管理制度已经无法适应科技发展的需要，各种弊端和矛盾逐渐显现出来。

在过去以单位为中心的科研管理模式下，课题责任人的自主性较弱，法律地位不明确，受到的行政干预较多，无法充分发挥其积极性和创造性；且在这种模式下，各种科研资源难以打破部门界限、单位界限和所有制界限，人才流动的机制难以建立。科研经费管理与科研项目管理之间缺乏彼此制约的机制，使得科研活动的监督管理力不从心。政府机关没有普遍建立起决策公示制度，造成课题申请人的信息不对称；科技评估制度不健全、科研项目招投标制度不完善，也使决策的科学性打了折扣。随着世界科技飞速发展，我国科研计划管理模式的转变也加快了脚步。科技是综合国力竞争的决定性因素，是先进生产力的集中体现和代表。科学技术不断发展、科技与经济的日益结合，在科研活动中，发达国家或地区普遍形成了课题制，即一种以课题为核心的组织管理模式。这种模式提高了科研活动的效率，极大地激发了研究人员的积极性和创新潜能，成为发达国家和地区科研活动中有效的基本管理模式（张景勇，2002）。

课题制是一种科技经费分配的方式，也是一种科研管理的模式和制度（李兵和李正风，2012）。1999年，中共中央、国务院在《关于加强技术创新，发展高科技，实现产业化的决定》中明确提出了“国家科研计划实行课题制，大力推行项目招投标和中介评估制度”，并首次在国家重大基础研究计划中试行。至此，我国科技体制改革迈出了实质性的重要一步（刘嘉，2004）。

2001年12月20日，科技部、国家计委、财政部、经贸委联合颁布了《关于国家科研计划实施课题制管理的规定》（国办发[2002]2号），要求对以国家财政拨款资助为主的各类科技计划实施课题制管理（王义明，2007）。

我国的课题制是在借鉴国外国家科学基金制度，结合我国经济体制向市场经济转变的需求基础上提出的（甘霞，2007）。它是总结过去科研管理经验，借鉴世界成功经验，加强国际科技交流，与国际惯例接轨的新模式；是我国科技经济体制改革不断深化，市场经济发展到一定程度，科技经济竞争日趋激烈的产物；是一项促进科技与经济结合的重大改革（臧春荣等，2004）。

2.1.2 课题制的内涵与特征

（1）课题制是指按照公平竞争、择优支持的原则，确立科学研究课题，并以课题（或项目，下同）为中心、以课题组为基本活动单位进行课题组织、管理和研究活动的一种科研管理制度。

（2）实施课题制，应遵循科技发展规律，建立科学、高效的科研管理新机制，完善科研管理制度体系，提高科研管理水平。

① 建立专家评议和政府决策相结合的课题立项审批机制。充分发挥专家和社会中介机构的作用，确保课题立项的科学性。

② 建立与科研活动规律相适应的预算管理机制。按照国家财政预算管理改革的总体要求，对课题实行全额预算管理，细化预算编制，并实行课题预算评估评审制度。

③ 建立健全监督机制。建立计划管理与经费管理、课题立项与课题预算之间既分工协作，又相互制约的监督管理机制，公开办事程序和审批决策程序，接受社会监督。

（3）课题制适用于以国家财政拨款资助为主的各类科研计划的课题以及相关的管理活动（科技部等，2001）。

课题制突破了单位、专业的制约，以课题为中心，实现了对优势资源最大限度的集成，有利于实现重点突破；课题制突破了单位、部门、甚至国界，以人才为中心，课题负责人对课题组成员可以不拘一格的择优聘用，这对人才流动机制的建立具有重要作用。其主要内容可以归纳为3个方面：一是以课题负责人为核心的人力资源配置。重点是规范课题负责人形成、课题组组成和课题组成员资格等内容，明确课题负责人、成员及课题组的责权利，从而使得科研人员在研究活动中主体地位得到有效的保障；二是以课题经费全成本核算为核心的财力资源配置。计划经济体制下形成的经费管理模式在课题经费的全成本核算下彻底改变了，课题经费管理规范了预算、执行、决算等环节，明确了由课题负责人提出经费预算并负责日常支出，课题委托方负责经费的核算和审批、经费管理机构负责经费的日常监管、独立的中介机构负责监察等，构成了各负其责的课题经费管理新机制；三是以实现科研资源共享为核心的物力资源配置。主要包括：科研院所的职能逐步从“管理型”转向“服务型”，依据其承担的责任、为科研人员提供的服务来享有相应的权利，按照市场机制建立一个开放、流动、高效的科研条件管理机制，实现资源在全社会范围的共享，规范研究成果（知识产权）的管理和应用等。同时，课题制还要求建立和完善一套相应的监督和评估机制、同行评议制度、科研人员学术信誉体系等（华琳和李栩辉，2004）。

为了使这项制度得以顺利实施，从课题的申报、确立，课题的经费管理、组织管理，一直到课题的监督、检查与验收，都建立了相应的规章制度，形成一个初步完整的制度体系。

2.1.3 课题制科研管理的目的意义

科研管理，是指科研管理人员运用计划、决策、组织、控制等基本管理职能，有效地发挥人、财、物、时间、信息等要素的效用，对科研人员从项目申请到项目实施、完成的全过程管理，使科研项目达到最佳完成度的一种组织活动。

科研管理的这一概念说明了科研管理的内容，包涵了四层意思：一是科研管理的执行者是科研管理人员；二是科研管理的手段是计划、决策、组织、控制；三是科研管理的对象是科研人员和科研项目的全过程；四是科研管理的效果是有效地发挥人、财、物等要素，使科研活动达到最佳完成度。

科研项目课题制管理，是我国科技管理体制改革的重要举措，是我国科研管理体制科学化、现代化的重要步骤，也是我国各科研单位科研管理体制改革的必然走向。课题制管理的目的是要规范管理各类科研计划，实现管理制度上的统一，使得各项科研工作协调发展，进一步实现项目资助方、项目承担单位和项目承担者三方利益最大化。以课题为中心进行科研管理，有利于科研资源实现优化组合，科研水平得到提高。建立科研预算管理机制，与科研活动规律相适应，为科研活动提供必要的基础保障，促进科研工作的顺利开展。实行责、权、利相统一的科研管理机制，以便调动科研人员的积极性，有利于提高科研工作效率。实行课题全过程管理的监督机制，有利于提高资金使用效益，保障科技经费合理使用（戴国庆，2002）。建立招投标和评估评审制度，提高课题立项的科学性，有利于促进公平竞争。

2.1.4 课题制实施的结果

课题制是在发达国家或地区的科研活动中普遍实行的一种基本管理模式。这种模式以课题为核心执行组织管理，极大地调动了研究人员的积极性，激发了其创新潜能，提高了科研活动的效率，成为一种行之有效的基本管理模式（段德光和徐新喜，2004）。

我国从2002年起要求对以国家财政拨款资助为主的各类科技计划实施课题制管理。近几年来，从科技部试点，到科研院所，再到企业，课题制的实施已经取得了许多成功的经验（臧春荣等，2004）。

实施课题制，在决策方面实现了适当的分散化和分权化，有利于实现科研资源（人、财、物）的优化组合，有利于体现“以人为本”的思想，调动科研人员的积极性和创造潜能，其管理方式在常规课题管理基础上，更加注重课题申请时的招投标方式、立项时课题任务书、经费预算书编制以及赋予课题负责人责权利相统一的责任等环节，实现了课题管理与经费管理的统一。在拓宽科研资金来源、促进科研项目市场化和社会化等方面发挥了积极作用，有利于提高科研效率，促进科研水平的提高（段德光和徐新喜，2004）。

实施课题制，使得项目管理成为一种职业，这有利促进了科研管理队伍的专业化、职业化和科研管理制度的规范化、法制化。但在管理方面，面临的问题更复杂，处理难度更大，这也对科技工作的组织和管理提出了更新、更高的要求（王延中，2007）。

实施课题制，一方面，以课题为中心，突破了单位、行业的制约，并把过去的只见项目不见人变成了现在的以人为本，人才已成为科研活动中最主要的要素。另一方面，课题制对项目依托单位提出更加规范、明确的要求，使得依托单位面临着更大的挑战（冯昌盛等，2003）。

在这种课题管理模式下，项目的竞争可以说是政策制度的竞争、人才的竞争和组织管理的竞争。其中，组织管理的竞争和政策制度的竞争决定了科研方向的正确性与合理性，科研队伍的合理整合效果及科研人员积极性的最大程度发挥，还决定了科研资源的优化配置程度及科学研究、科技创新功能能否超常发展（郑存库，2003）。

2.2 课题制科研管理现状

为了了解和把握我国课题制背景下科研管理的现状，我们共选取了北京、内蒙古、甘肃、辽宁、青海、黑龙江、吉林7个省市区13个农业高校及科研单位的在职科技人员进行了调查。调查对象主要是长期在科研一线工作的科研人员和科研管理人员，其中工作时间在两年以上的达到98%。为此通过查阅相关的科研管理文献，整理分析，初步筛选、分析我国科研管理工作中存在的普遍问题，找到挖掘科研管理潜力的要素，设计出“关于我国科研院所和高等院校科研管理现状调查问卷”草稿，经过2轮专家咨询和建议，对该问卷进行了修改并召开项目咨询研讨会，最终确定了调查的各项内容，明确了提问方式，优化了问题答案，提高了问卷设计和答案的有效性。除了封闭式问题之外，我们还设计了一些开放性问题，以便掌握的资料更真实和全面（问卷调查表见附录）。

结合科研管理实际，我们此次调查主要围绕科研管理的手段（科研管理制度）、科研管理的对象（科研项目全程管理）、科研管理的效果（人、财、物的配置状况）和科研管理的执行者（科研管理人员）进行了全面调研，具体内容主要包括科研管理制度建设的现状及科技人员对此的认识和看法，科研项目全过程管理的现状及科技人员对此的认识和看法，课题制背景下，对人、财、物等资源的配置状况及科技人员对此的意见以及科研管理队伍的建设现状及科技人员对此的意见和建议等几个方面。

此问卷共设计了40个题目，问卷以纸质形式和电邮形式发放。正式调研自2011年6月开始至8月底结束，在我国北方7个省市区13个农业高校及科研单位共发放问卷130份，收回有效问卷107份，有效回收率82.3%，完全满足分析需要。采用随机取样法，从每个被调查单位中随机选取样本，少于10人的，全部选取，大于10人的，随机选取10份。调查对象来自北方不同省区，采用随机选取的方法，且大部分都是来自科研一线的科研和科研管理人员，是各单位科技创新的主要力量。因此，调查具备普遍性、全面性、代表性和典型性。问卷数据通过EXCEL97—2003进行统计分析，统计方法主要是频次分析法。

2.2.1 调查对象基本情况

本次调查对象以长期从事科技工作和科研管理工作的中青年为主，35岁以下占52%，35～50岁42%；51～60岁的6%（图2-1）。

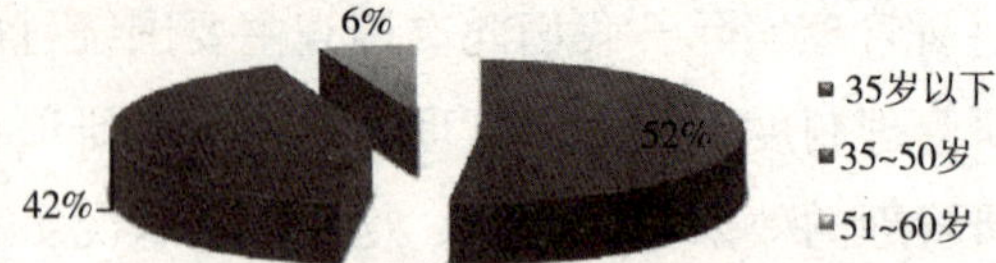

图2-1　调查对象的年龄结构

Figure 2-1　age structure of respondents

被调查者中具有高级职称的占52%，其中，正高级职称的占20%，副高级职称的占32%；中级职称的占34%；初级职称和其他共占15%（图2-2）。

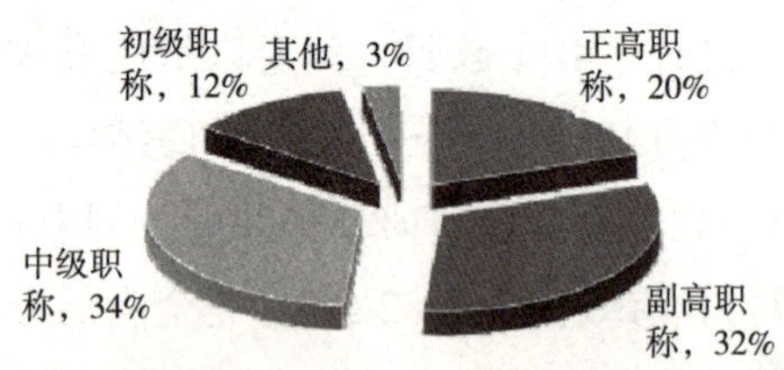

图2-2　调查对象的职称结构

Figure 2-2　the title structur of the respondents

在调查对象中主持过项目的科研人员占62%，未主持过科研项目的科研人员占8%，专职管理人员占20%，双肩挑的科技人员占10%（图2-3）。

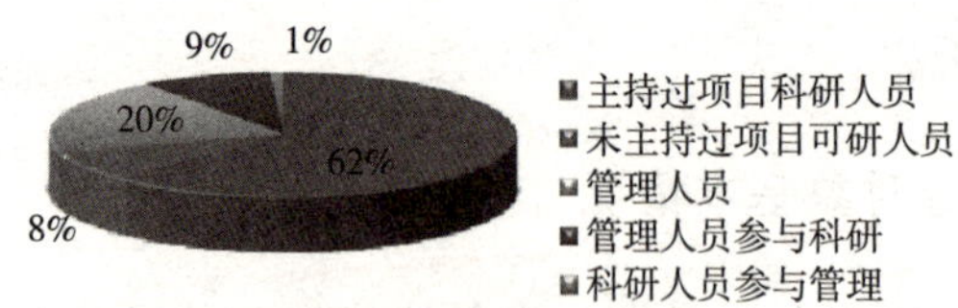

图2-3　调查对象的角色

Figure 2-3　the role of respondents

调查对象的学历总体层次较高，以硕士、博士研究生为主，占到87%，本科生占12%，专科生占1%（图2-4）。

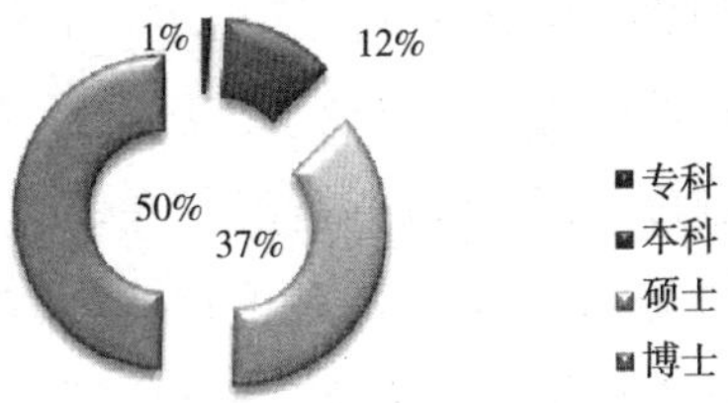

图2-4 调查对象的学历结构

Figure 2-4 the education structure of respondents

调查对象中84%没有出国留学的经历，具有出国经历的，占16%（图2-5）。

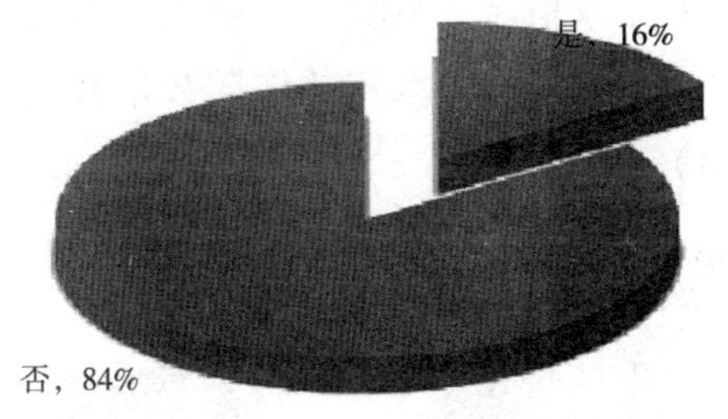

图2-5 调查对象的留学状况

Figure 2-5 the situation of study abroad

2.2.2 调查结果与分析

2.2.2.1 对科研管理制度现状的认识和看法

通过调查，我们发现约有90%的被调查者表示，所在单位已经建立了较为完善的课题申报、审批制度和科研经费管理制度并能有效地实施；70%以上的被调查者所在单位已经建立了科研项目进展检查制度和科研奖励制度并能有效实施；66%的被调查者所在单位已经建立了科研资料管理制度；但是科技培训制度，科研成果推广制度及课题执行的绩效评价和考核制度缺乏或执行情况较差，并且大部分被调查者同样认为迫切需要建立、完善这三个方面的制度，尤其是科研培训制度和科研成果推广制度（图2-6、图2-7、图2-8）。

就课题绩效评价制度而言，87%的被调查者认为很有必要建立科研人员的绩效评价及考核体系，并且认为科研人员绩效评价考核体系的内容主要应包括（按重要程度排序）：课题任务完成情况（86%）；研究产出的数量和质量（81%）；诚信（69%）；承担的课题数量和质量（66%）（图2-9和2-10）。

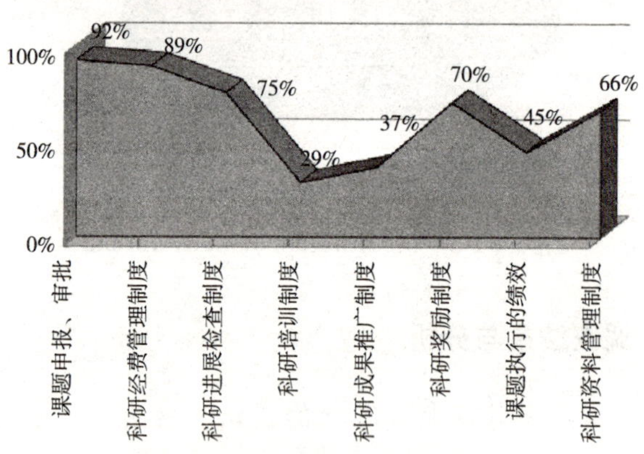

图2-6　已建立并有效实施的制度

Figure 2-6　effective implementation of the system has been established

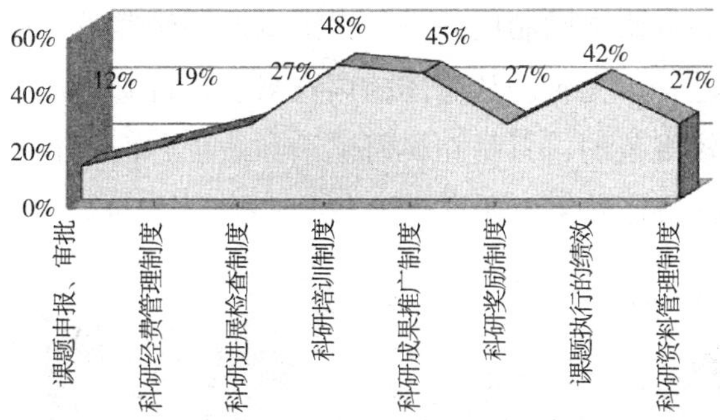

图2–7 执行情况不佳的制度

Figure 2-7 poor implementation of system

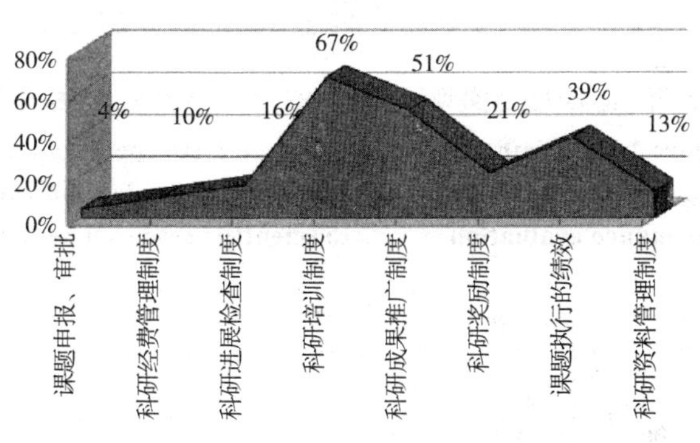

图2–8 需要建立的制度

Figure 2-8 the system of needing to set up

从被调查单位科研管理办法的执行情况来看，65%的被调查者认为有明显的约束机制且能够执行，11%认为执行不规范，只有个别被调查者认为约束机制徒有虚名，没有得到切实的执行，占3%，1%认为科研管理办法名存实亡。

在科研管理办法执行情况的调查中显示，被调查者对科研奖励激励机制的认可的占到51%，也就是说不认可的有近50%，认为激励机制执行不及时的占22%；这说明科研人员对单位的科研奖励制度并不是很满意，科研奖励和激励机制有待于进一步完善。从总体的调查来看，科研管理办法执行的是比较规范的，只是在科研奖励和激励方面还有些欠缺，没有发挥最佳效果，还有待进一步提高（图2-9）。

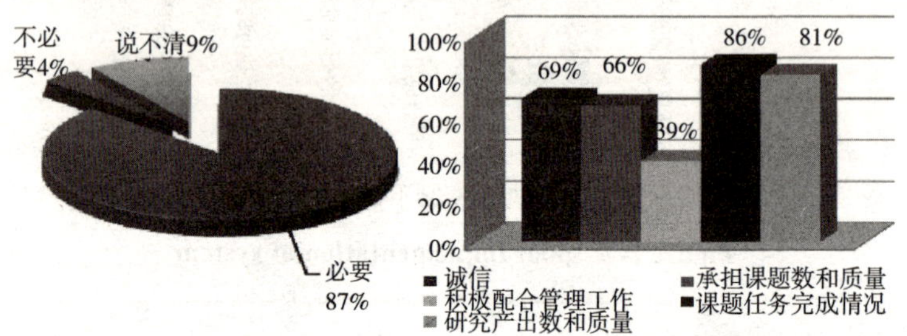

图2-9　是否有必要建立绩效评价　图2-10　科研人员绩效考核与评价内容

Figure 2-9　whether necessary to establish the performance evaluation

Figure 2-10　performance appraisal and evaluation content to scientific research personnel

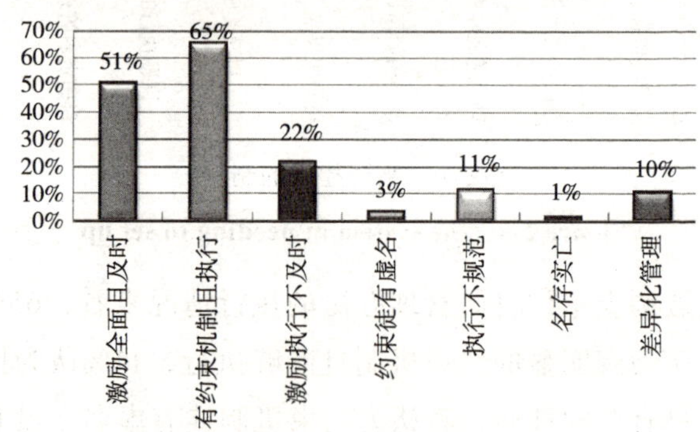

图2-11　科研管理办法执行情况

Figure 2-11　the implementation of scientific measures

69%的被调查者认为，单位科研管理制度的执行基本实现了使单位的科研活动有序规范进行这一功能，但有67%的被调查者认为在调动科研人员积极性、挖掘科研潜力方面相对较弱（图2-12）。被调查者认为，提高科研人员的积极性，提升科技创新潜力，科研管理制度的制定应在灵活把握的基础上实行重惩重奖的差异化管理（图2-13）。

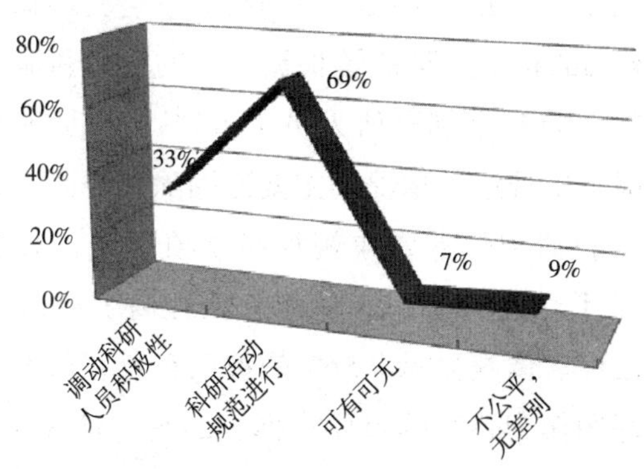

图2-12　科研管理办法执行结果

Figure 2-12　the execution result of scientific measures

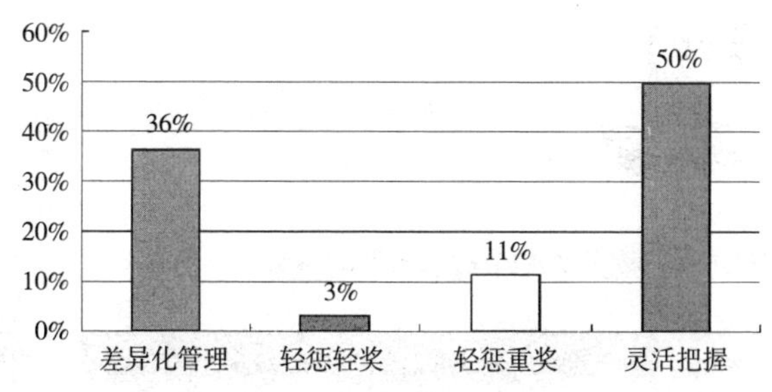

图2-13　提高科研积极性

Figure 2-13　the proach ofimprovementing the scientific research enthusiasm

科研人员的职责就是科学研究，为国家政策制定、解决生产、生态和生活问题提供科学依据和技术支撑，科学研究是以承担科研课题为基础，承担课题又是通过申请科研课题来实现的。在申请课题方面，调查显示，科研人员参与申报科研项目的积极性还是比较高的，大部分情况下科研人员非常的积极，只要有申报项目的机会就会去参加申报（占60%），43%的科研人员能够根据自己的精力和能力适当参与课题申报，只有个别科研人员（占1%）满足现状，不参与项目申报，出现这种情况的主要原因除了科研人员本身的职责外，各科研单位非常重视科研立项工作，对于成果申报项目给予了激励和肯定，从而大大提高了科研人员申报项目的积极性。调查显示，56%的被调查者表示本单位将申请并主持课题作为晋升的重要指标，24%～31%调查者坦言所在单位对成功申请课题予以奖励和奖金分配（图2-14和图2-15）。

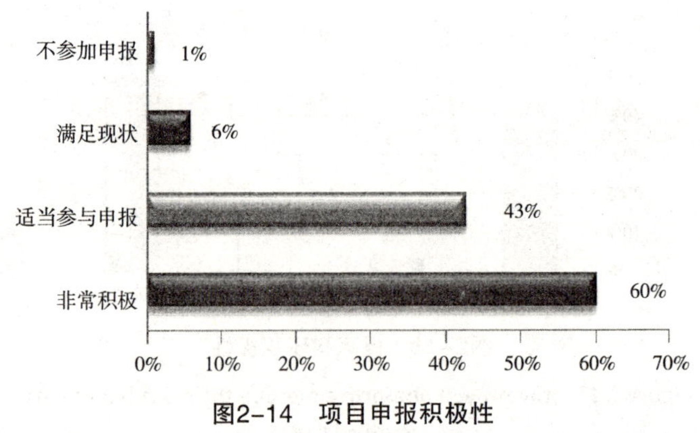

图2–14　项目申报积极性

Figure 2-14　the enthusiasm of project application

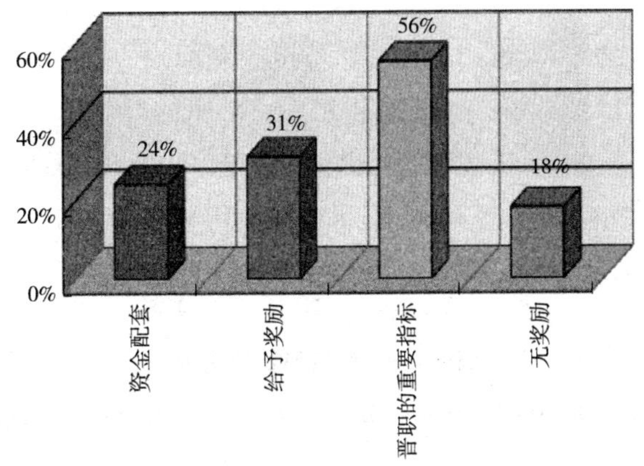

图2-15　成功申报课题给予的奖励

Figure 2-15　reward from getting the project successfully

怎样才能挖掘出农业科研单位的科技创新潜力？什么是制约其科技创新的瓶颈所在？调查显示，58%的被调查者认为科研项目周期短，没有得到或实现连续的资助，导致很难出创新性成果；48%的被调查者认为农业科技人员的创新意识较为淡薄，多年来重复研究，跟踪研究较多；35%以上的被调查者认为科研项目没有或无法实现连续资助，且没有较好的科研奖励机制，加上没有把人才的长期培养、选拔和吸收提到重要的日程上，导致领军人物的缺乏也是其科技创新潜力难以挖掘的原因之一；24%的被调查者认为没有较好的绩效评价机制和激励机制也是导致单纯为研究而研究，难以激发科研人员的创新潜质的重要原因（图2-16）。

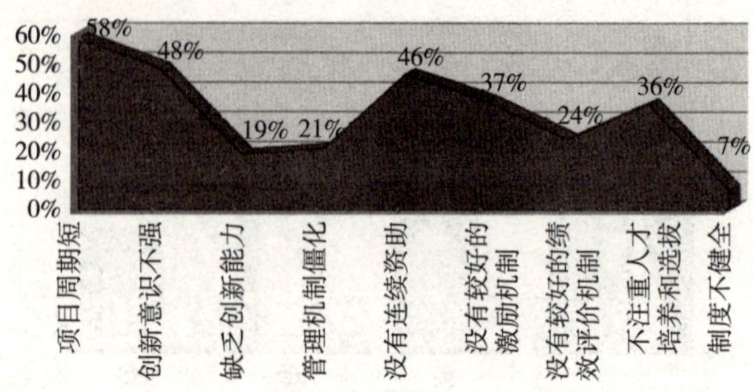

图2-16　科技创新的瓶颈

Figure 2-16　the bottleneck of science and technology innovation

2.2.2.2　科研项目全过程管理

对于各单位项目申报的信息来源，调查中显示大部分的项目申报信息来自于网站、E-mail、电话和上级部门（占到60%以上），其次是纸质文件，专家和熟人，占到50%左右，科研人员基本是靠自身自觉地通过各种渠道（包括与上级部门的沟通）去了解科研项目的申报信息，靠单位提供的项目申报信息很少，只占22%～23%（图2-17）。

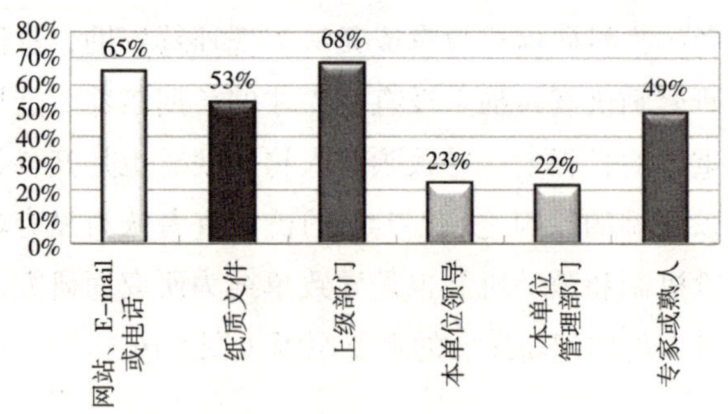

图2-17　项目申报信息来源

Figure 2-17　source of project application information

在如何选择或确定课题主持人方面，调查显示，以组织撰写材料者作为项目主持人（占48%），这部分人基本是组织能力和协调能力较强的领军人物或是科研骨干；其次是单位领导或管理部门根据学科发展和人才培养的需要确定项目负责人（占38%），这样看来单位的干预也占有一定比例，与课题制的实施略有冲突；再次，是撰写项目申报材料的科研人员成为项目主持人（23%）。大部分科研人员对此还是比较满意的，占79%，另有21%的科研人员对此不是很满意，不满意之处可能就是来源于单位过多的行政干预（图2-18和图2-19）。

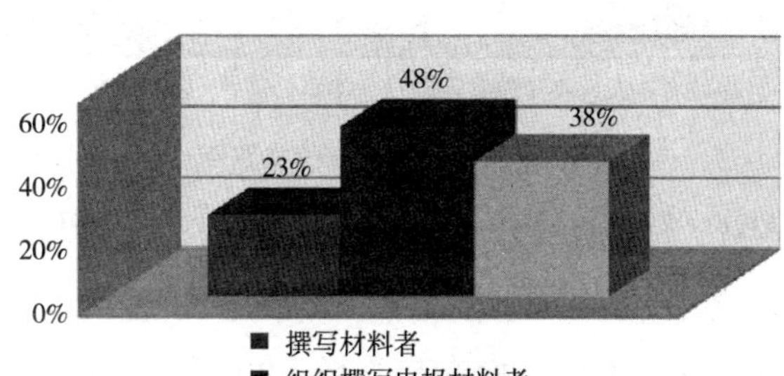

图2-18　主持人的选择方式

Figure 2-18　the way of choosing host

图2-19　主持人选择方式的满意度

Figure 2-19　satisfaction of choosing host

对于科研项目申报后的评审信息跟踪，调查表明，大部分情况下（占47%）是由项目申请者、科研管理部门和所领导共同协作完成，项目申请者本人跟踪也较多（占46%），本单位管理部门跟踪的科研项目占40%（图2-20）。

这说明，单位对科研项目的立项很重视，采取了积极配合、协作、服务等措施，对项目的评审和确立非常关注。

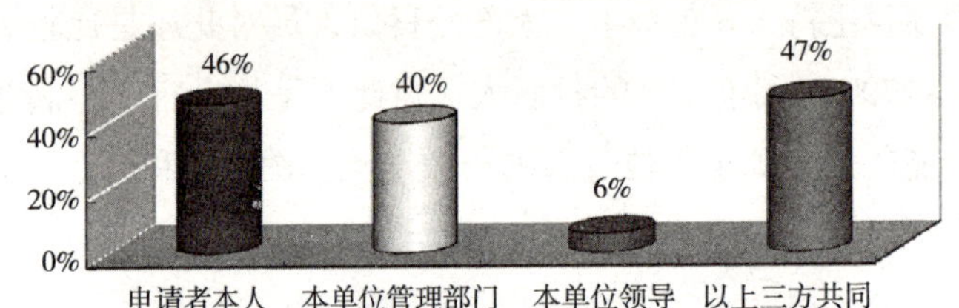

图2-20　项目评审信息跟踪

Figure 2-20　information tracking of project review

科研项目的检查和监督已经形成一种常态，97%调查者认为本单位进行了项目检查和监督，90%的被调查者认为单位的监督检查对科研项目的执行具有推进作用（图2-21和图2-22）。

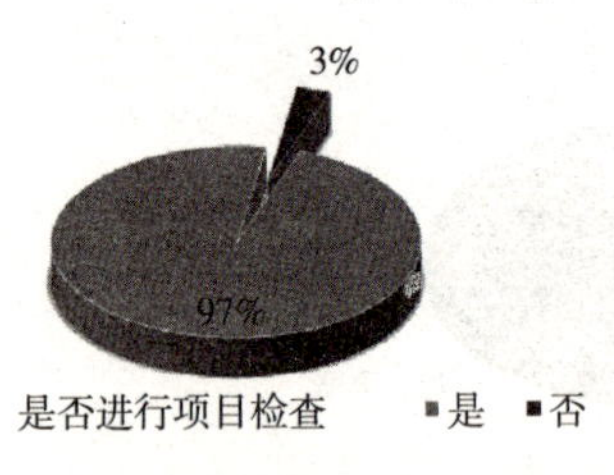

图2-21　是否执行项目检查

Figure 2-21　whether perform project inspection

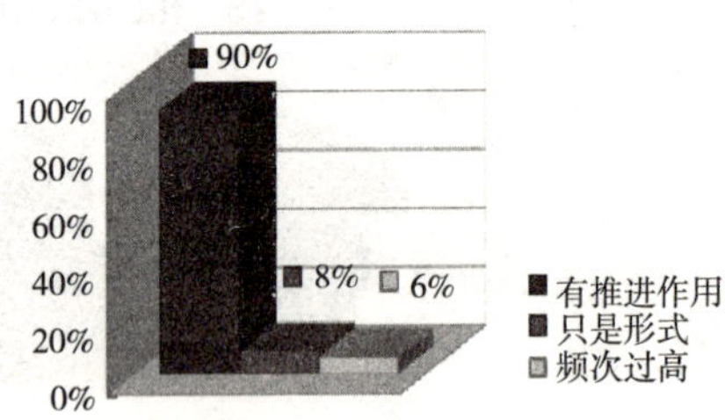

图2-22　检查有无益处

Figure 2-22　how about examined

对于科研项目的验收形式，大部分科研人员（57%）比较赞同项目主管单位组织的项目验收形式，其次是第三方中介验收的方式（占29%）（图2-23）。

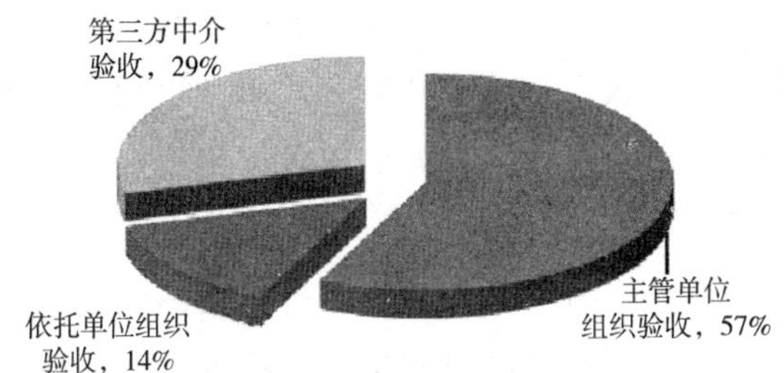

图2-23 验收方式

Figure 2-23 acceptance way

对于评价科研活动的方法，大部分的被调查者对通过鉴定和奖励的方法评价科研持赞同态度，占90%；认为发表学术论文出版著作在评价科研活动中占重要地位，对此表示认同的被调查者占92%（图2-24和图2-25）。

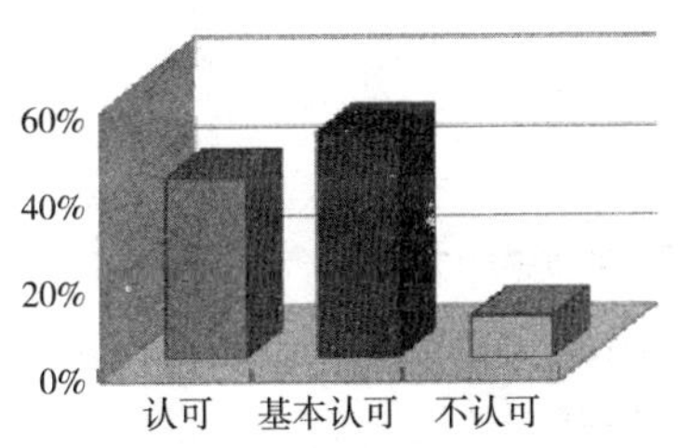

图2-24 鉴定奖励评价科研的认可度

Figure 2-24 the recognition of evaluation research

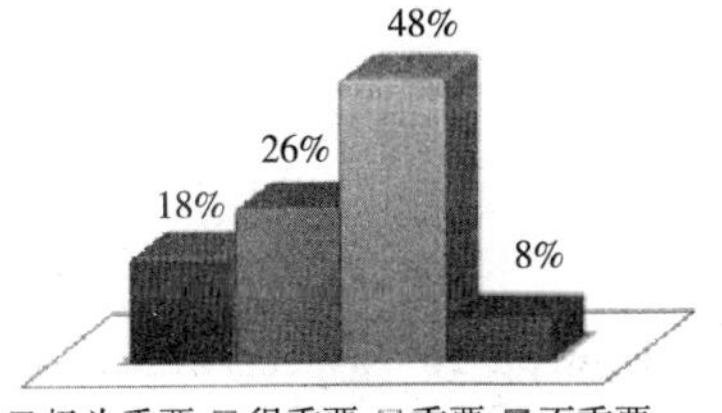

图2-25 发表论文、著作在评价科研活动中

Figure 2-25 whether important of published papers works in the evaluation of scientific research

要在科研项目的管理过程中提高效率，就要找到哪些方面还做得不尽如人意，需要加强。调查显示，72%的被调查者都认为需要加强学术交流和讲学，以了解国际前沿和国内学术动态；65%的被调查者认为需要加强与上级主管部门的沟通和联系，积极了解国家政策和需求，以指导所里的科研活动；63%的被调查者认为需要加大项目负责人的自主权、自由度和责任心，让项目负责人成为项目真正的主人翁；38%的被调查者认为所里的绩效评价体系不够健全，需要进一步完善，使科研活动结出硕果，让国家的项目资金产生效益（图2-26）。

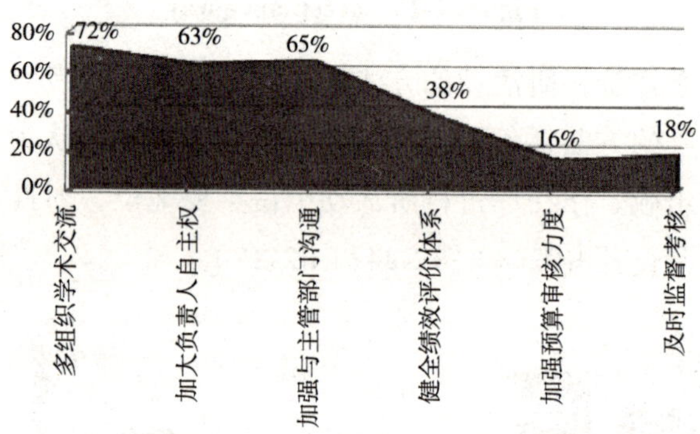

图2-26　科研管理需加强的方面

Figure 2-26　aspects of needing to strengthen in scientific research management

2.2.2.3　人财物的配置

（1）人力资源配置。调查中发现，有31%的科研项目，项目主持人和参加人之间虽然签订任务合同书，但却形同虚设，在项目组里大多数参加人只是挂名，这不利于项目的执行，不利于发挥项目组成员的潜力，也不利于构建结构合理、分工明确、团结协作的创新团队（图2-27）。

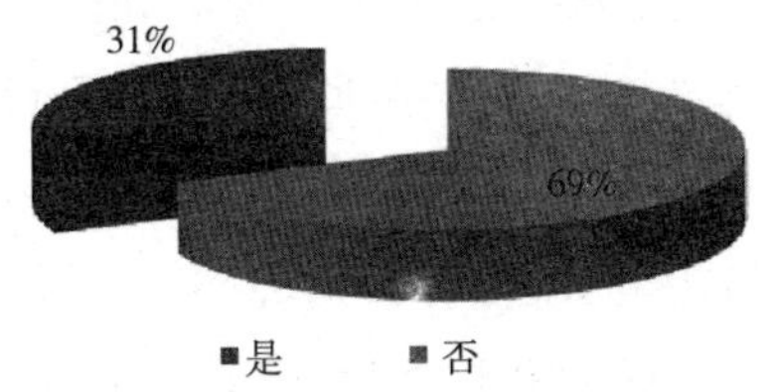

图2-27 主持人参加人分工是否明确

Figure 2-27 whether clear of members division

在项目组团队的组成及方式方面，调查显示，69%的科研团队是长期稳定的，其组成方式主要包括根据项目需要召集、项目主持人自行决定、项目主持人选定，管理部门协调配置这三种方式，选择这三种方式的被调查占10%～15%（图2-28）。

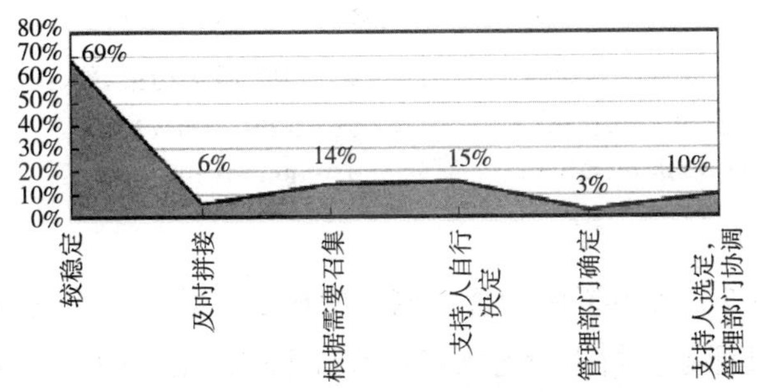

图2-28 团队成员组成方式

Figure 2-28 the composition of team members

管理部门在资源配置上起到了一定的协调作用，在人员配置上项目主持人具有较为充分的自主权，并能根据项目的需要配置项目组人员。

调查中显示，有35%的科研项目在人员配置方面无法满足科研项目执行的需要，且从人才梯队和团队协作的角度来看，课题成员呈“纺锤形”，即项目组主要缺乏的人员是领军人物（53%）其次是科研辅助工（33%）和职称较低的科研人员（中级和初级共占约30%），也就是说，在课题中既缺乏有一定学术造诣的和较强科研组织领导能力、创新能力的团队带头人，又缺乏专业技能扎实，有一定科研实施能力的一般科研人员或辅助人员（图2-29和图2-30）。

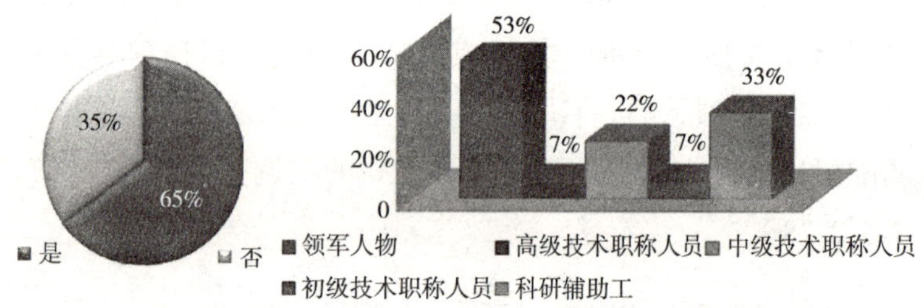

图2-29　是否满足需要
Figure 2-29　whether satisfy of team members

图2-30　项目缺乏的主要人员
Figure 2-30　lack of key personnel for projects

（2）人力资源配置。调查中显示，几乎一半的科研单位，其课题主持人没有项目经费自主权，项目的经费支出无论多少都需经过单位的审批才能执行；也有近一半的科研单位，项目主持人能够自己说了算，对科研经费负责，只是权限有所不同，从3 000元到10 000元不等（图2-31）。

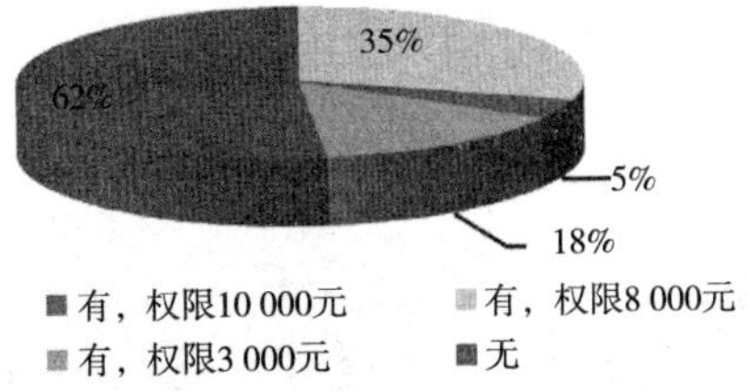

图2-31 主持人是否有经费自主权

Figure 2-31 whether autonomy of host

在课题预算编制中，调查显示，51%的科研项目预算编制是由项目负责人、财务部门、项目管理部门共同来完成的，还有48%的项目是由项目负责人自行编制的（图2-32）。

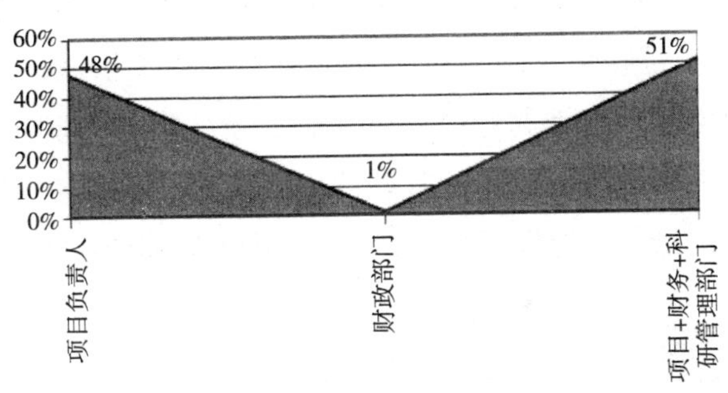

图2-32 预算编制

Figure 2-32 budgeting

在项目执行过程中，84%的科研项目其经费基本能够按照项目预算支出，还有一部分项目实际支出较低或会超出预算执行（各占8%）。从调查结果来看，不能按预算支出的主要原因是科学研究的不确定性（76%）；其他包括市场价格变化（52%）经费下达不及时（44%）和预算不合理（41%），几个因素所占比例相差不大（图2-33和图2-34）。

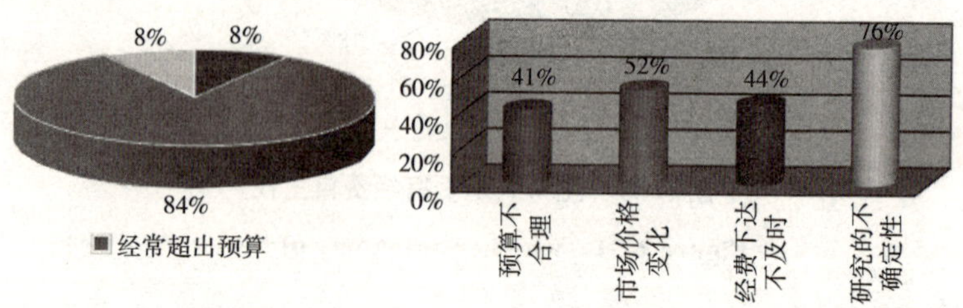

图2-33　预算与实际支出

Figure 2-33　budget and actual spending

图2-34　预算与实际差距大原因

Figure 2-34　the reasons of budget and the actual gap

在经费管理方面，调查显示，91%的被调查者均认为单位对于项目经费支出实行了非常有力的监督措施，采取的主要措施是所有课题经费支出都需要经过单位管理部门审批（62%），主持人和单位管理部门联合监管（44%）且单位财务部门给予指导性督促（34%）（图2-35和图2-36）。

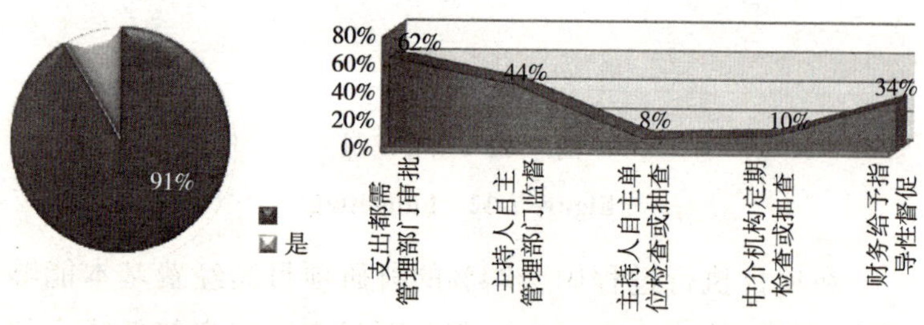

图2-35　经费支出监管是否有力

Figure 2-35　how about spending regulation

图2-36　经费使用监督措施

Figure 2-36　measures of funds supervision

对于项目结余经费的走向，调查显示54%的项目其结余经费上交主管部门，32%项目其结余经费由课题自行支配，还有14%项目其结余经费交由单位支配。对于项目结余经费的管理，国家有明确规定，但从调查来看，基层单位存在结余经费，且归属不一致的问题（图2-37）。

对于课题结束后的自留经费问题，调查显示75%的课题都留有一定的自留经费，主要用于鉴定、报奖和下一个项目的前期费用，且88%的被调查者认为项目有必要留有一定的自留经费，且应该将该部分内容列入课题预算之中（91%）的被调查者这样认为（图2-38）。

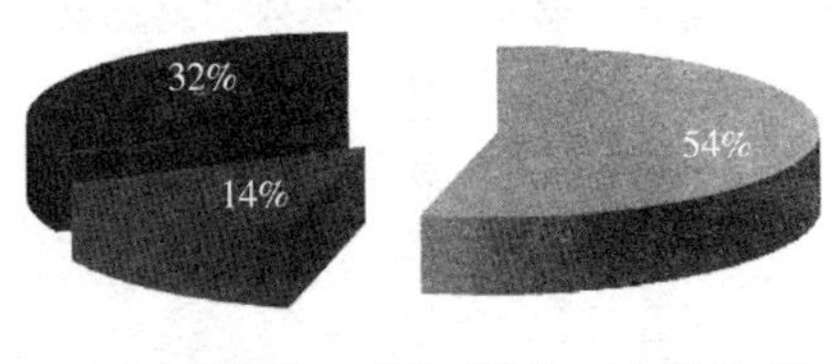

图2-37　经费走向

Figure 2-37　where the funds

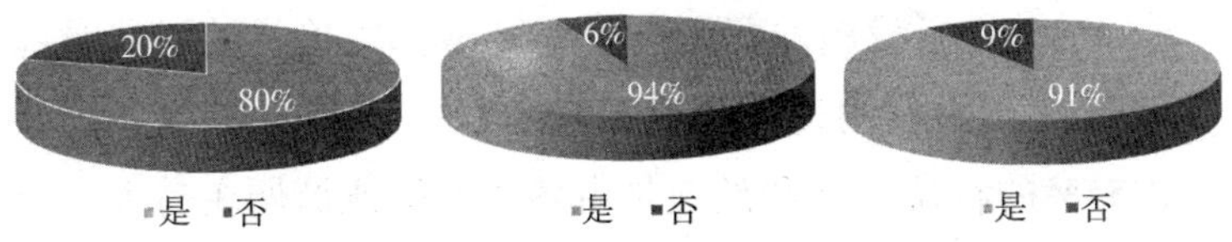

图2-38　是否留有经费　　是否有必要　　是否有必要列入预算

Figure 2-38　whether money is left; whether necessary; whether necessary to included in the budget

对于课题经费管理存在的问题，72%的被调查者认为经费管理的条条框框太多，不符合科研项目高度不确定性的现实；40%的被调查者表示科研经费不能按预算时间拨款，往往是该用钱时没钱，钱来了就要马上花完，不符合农业科研实际；还有少部分（13%）被调查者认为，单位不能提取足够的项目管理费用，降低了管理积极性（图2-39）。

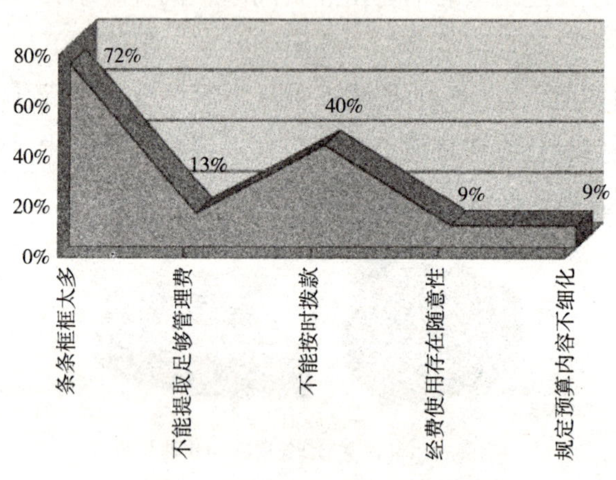

图2–39　经费预算存在的问题

Figure 2-39　budget problems

（3）科研设施的配置。调查显示，各单位的科研设施和仪器设备的使用近一半是由单位统一管理，并能实现共享；55%的科研仪器和设施是由各课题组或课题主持人自行管理，谁买谁用，不能实现共享，导致重复购置建设，资源浪费（图2-40）。

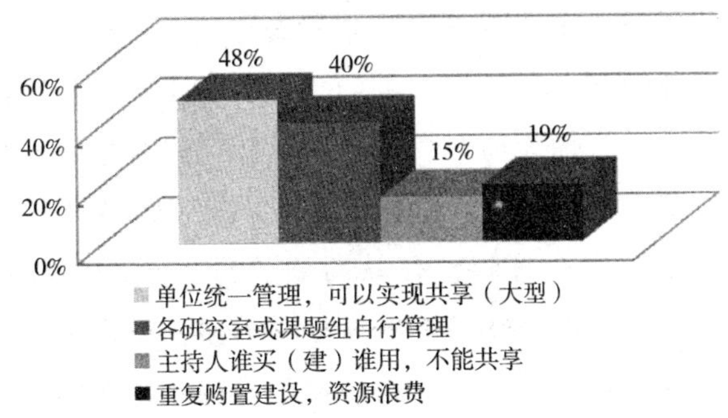

图2-40　仪器设备共享情况

Figure 2-40　equipment sharing

2.2.2.4　对科研管理队伍建设现状的认识和看法

调查显示52%的科技人员认为科研管理部门的编制基本合理，40%被调查者认为相对于繁重的工作量来说，编制较少，且有64%的被调查者认为要解决此问题的途径主要是通过现代办公手段，实现信息化管理，以提高工作效率；也有近50%的被调查者认为需要增加管理人员的编制（图2-41）。

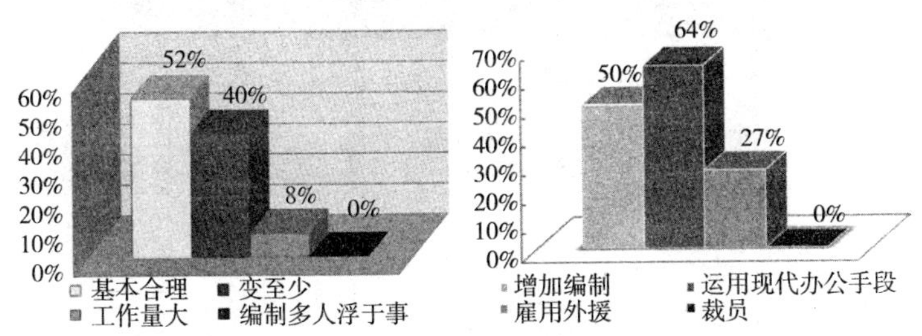

图2-41　管理人员编制，编制问题解决方案

Figure 2-41　the preparation of management person nel and solutions to the problems

各单位的科研管理人员中，87%是按岗位招聘的，有近

40%是做管理工作的同时，还兼职做科研，27%的管理人员是从其他部门调入科研管理部门（图2-42）。在日常的科研管理工作中，管理人员本身的工作负担已经很繁重，深感人手不够，可是为什么还要让自己更累，兼职做科研工作呢？

存在就一定合理吗？仅从科研管理人员的职称评定这一事件来看，有近一半是管理人员与科研人员同一标准进行评定，往往在职称评定中，多数单位是以主持课题、获得奖励、发表论文、出版著作的多少作为非常重要的指标来完成的，而管理人员恰恰在这一点上无法与科研人员竞争，因此从调查来看，存在也有合理的地方，在调查中也有部分单位走不同的系列（30%）或对科研管理人员有适当的倾斜（21%）（图2-43）。

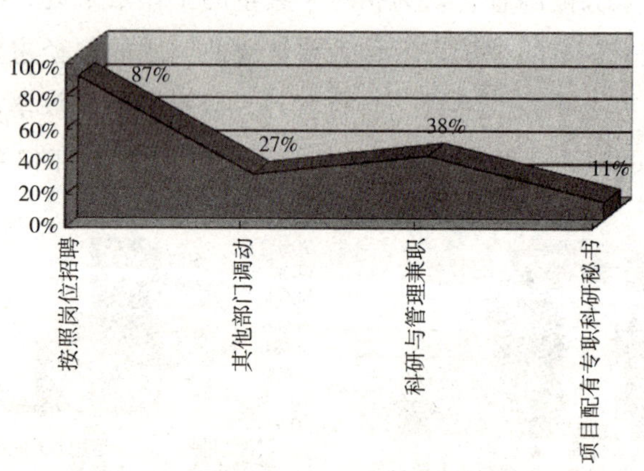

图2-42　管理人员的来源

Figure 2-42　the source of the management personnel

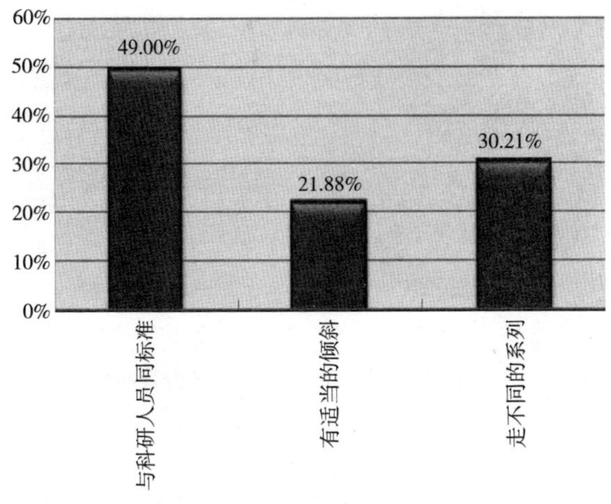

图2–43 管理人员职称评定

Figure 2-43 title assessing of management personnel

尽管有诸如职称评定等这样或那样的问题存在，但从调查来看，被调查人员认为本单位的科研管理队伍还是比较稳定的（占82%），且65%的被调查者认为科研管理人员的积极性比较高，35%的被调查者认为积极性较差，其原因按重要程度排序分别为：工资待遇低（84%），晋升职称、职务比较困难（76%），工作量大、事务性工作过多、较为烦琐（62%）；没有相应的奖励机制（51%）（图2-44，图2-45），也正是由于这些原因，科研管理人员才会在担负繁重管理工作的同时，还不辞辛苦地做着科研工作，这势必或有可能因精力不够，导致自己的科学研究做不好，又不能安心做好管理工作，管理工作不到位，以致影响整个单位的科研工作。

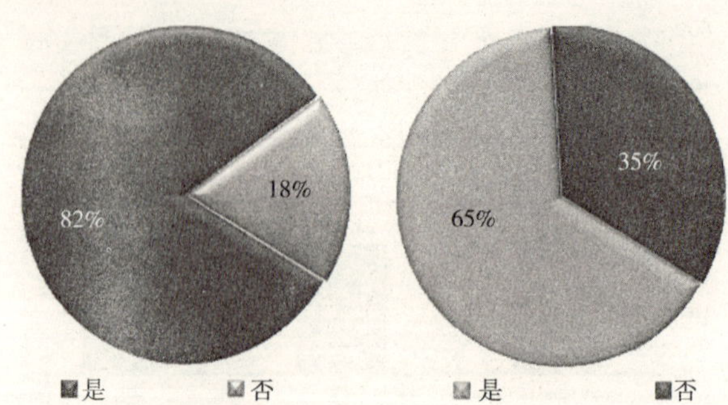

图2-44　管理队伍是否稳定　　　　是否有积极性

Figure 2-44　whether stable and positive of management team

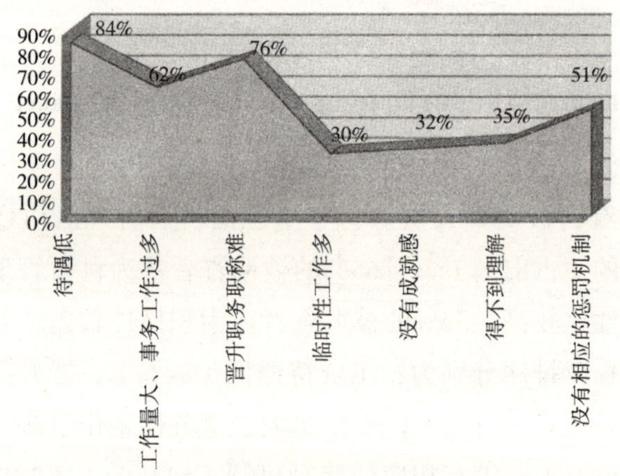

图2-45　积极性不高的原因

Figure 2-45　the reasons of low enthusiasm

对于科研管理人员在项目争取和管理过程中的作用，60%以上的被调查者认为主要是四个方面的作用：一是通过协调组织，搭建科研平台、创造科研条件（76%）；二是研究和掌握学术研究工作的特点、规律，制定相应的管理制度，创造良好的学术研究环境（68%）；三是配置单位各项关系和资源，为科研提供保障（56%）；四是管理、监督，以管理实现服务（51%）（图2-46）。

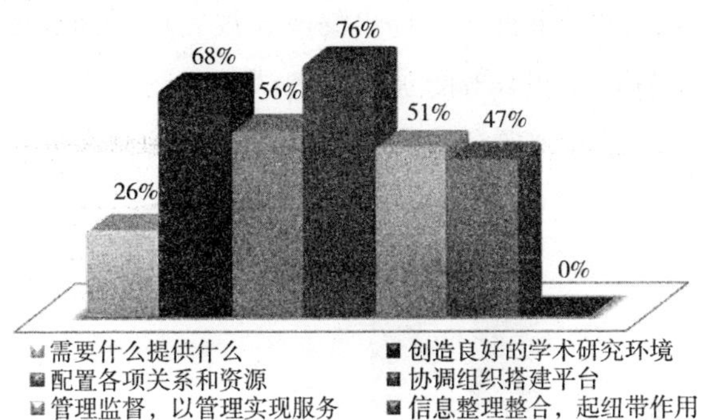

图2-46 科研管理人员作用

Figure 2-46 the role of scientific research management

调查显示，对于本单位的科研管理工作，62%的被调查者比较满意，其中有23%的被调查者表示非常满意（图2-47），有9%表示不大满意或很不满意。

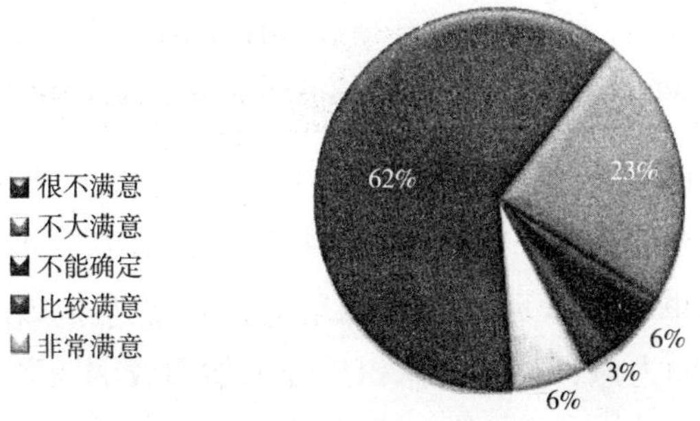

图2-47 科研管理工作满意度

Figure 2-47 job satisfaction of scientific research management

对于科研管理现状，77%的被调查者认为本单位的科研管理部门能够积极沟通，获取课题申报信息，落实项目；76%的被调查者认为科研管理部门能够认真对课题申报材料进行形式、实质审查，并提出修改建议，以实现其监督管理的职能；另外还有46%的被调查者认为科研管理人员能够积极组织团队撰写课题建议书及科研报告，发挥其协调组织作用（图2-48）。

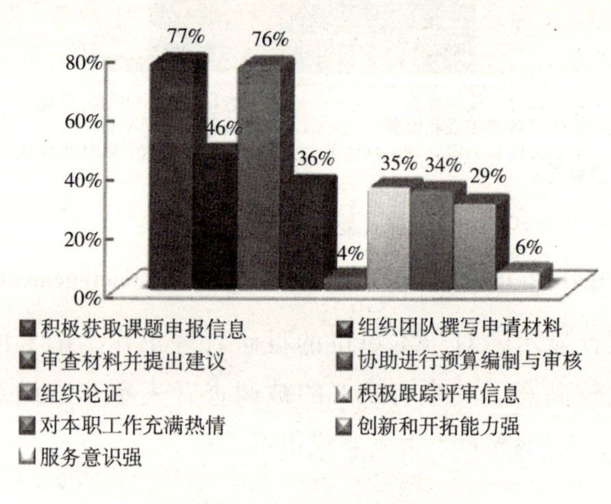

图2-48　管理部门好的方面

Figure 2-48　the good aspects of management

在“管理部门哪些方面做的不尽如人意”这项调查中显示，科研管理部门在积极跟踪项目评审信息方面相对较差，服务意识也相对较弱（各占31%）；在组织课题论证方面做得不尽如人意，且创新意识、开拓能力较弱（各占26%）（图2-49）。

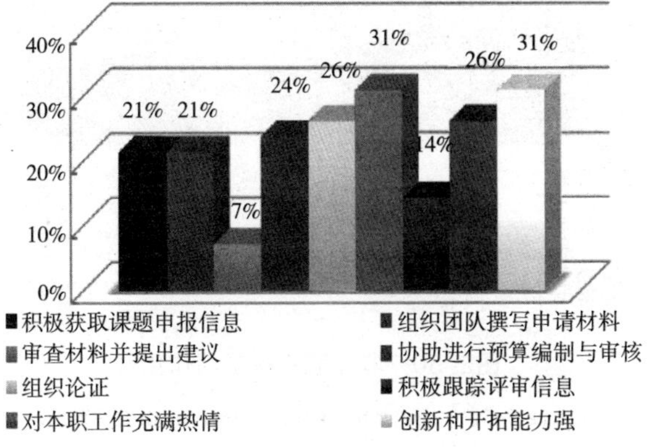

图2-49　管理部门不好的方面

Figure 2-49　the bad aspects of management

从这两项调查中可以看出，科研管理部门在日常事务性工作方面做得较好，履行了科研管理的基本职能，且比较认真负责地审查材料，提出修改建议，但在进一步深层次的管理服务方面做得不尽如人意，高层次管理职能未被开发出来，服务意识、创新意识都较差。

对于研究室等非专职管理部门的作用，70%的被调查者认为研究室主任、学术带头人是学术管理队伍中的重要人物，应发挥其管理作用和潜力；68%的被调查者认为研究室应起到协调和引导研究人员设定适合本学科、本专业发展的研究方向的作用；53%的被调查者认为研究室应通过有效沟通等方式督促科研人员，使其发挥创造潜力；42%的被调查者认为研究室应协助专职管理部门督促科研人员在有效时间内保质保量地完成既定的目标（图2-50）。

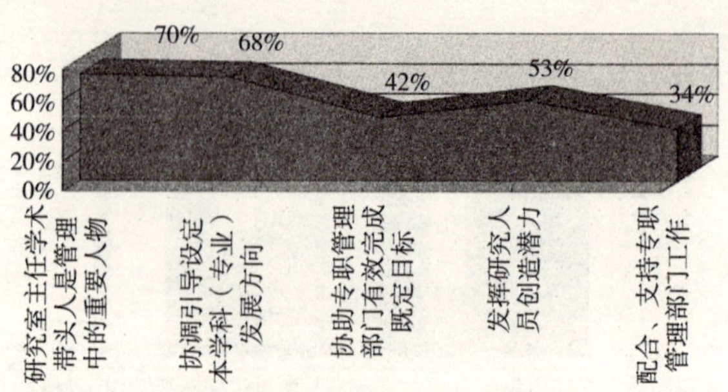

图2-50　非专职管理部门作用

Figure 2-50　the role of part-time management

对于培养一支高水平的科研管理队伍的途径，81%的被调查者表示首先要保证科研管理部门的人员结构配置合理；72%的被调查者认为应对科研管理人员进行定期的业务培训，使管理队伍专业化、职业化，以适应为科研项目服务的要求；71%的被调查者表示科研管理人员应走出去，多参加学术活动，了解科研动态及学术前沿，了解国家政策和导向，才能更好地服务于科研；66%的被调查者认为应该建立管理人员的激励、绩效考核和监督奖惩机制，以调动其积极性；52%的被调查者认为，培养高水平的科研管理队伍还应解决其职称或职务问题，使科研管理人员安心于管理工作（图2-51）。

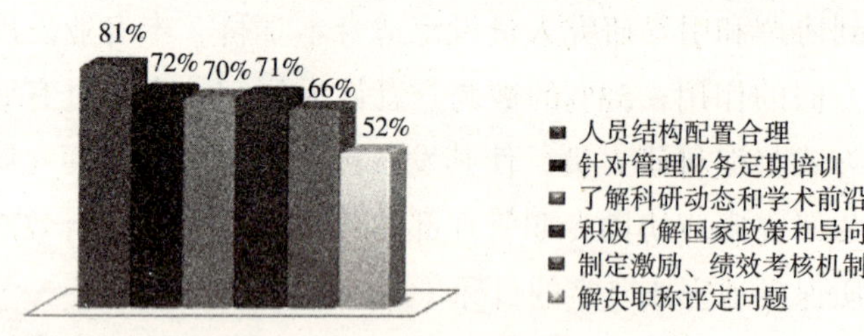

图2-51　培养高水平管理队伍的途径

Figure2-51　the proach training high level management team

3 课题制背景下科研管理存在的问题及原因

3.1 存在的问题

3.1.1 在依托单位方面存在的问题

3.1.1.1 科研管理制度建设

（1）科研管理制度不健全。

① 科研培训制度的缺乏。科研培训是科研持续性发展的基础，是科研工作者继续教育的重要内容；是科研发展的必要要求，是提高科研人员科研能力和科研水平的有效途径，是从科研人员的实际需求出发，以具体实践为落脚点，具有针对性、参与性、实效性、创造性的组织活动。不学习就是原地踏步，直接阻碍了科研人员科研素质的提高。在调查中发现，目前各单位针对科研人员组织的科研培训活动较少，也没有形成常态和制度，而广大的科研工作者对此有着强烈的需求（此项制度在“需要建立的制度调查中”所占百分比最高，占到67%）。

② 科研成果推广制度缺乏。目前我国农业科研成果的

转化率仅为30%～40%。其重要症结所在即缺乏科研成果推广应用方面的刚性管理制度和奖励政策。科研成果推广制度的缺乏，不仅影响知识的有效传播与流通，对于辛苦进行研究的科研人员的积极性也是一种很大的挫伤。没有相应的管理制度和激励措施，势必导致推不推广一个样，推广效果好不好一个样，科研人员自然缺少成果推广转化的愿望和积极性，只关心科研任务的完成，发表文章的多少，报奖的多少，而不关心科研的最终目的和效果，使科研成果不能够体现出其价值所在。同时，成果推广制度的缺乏，使科研人员会因为成果的不受重视而逐渐丧失对科研的热情，缺乏主动探寻社会需求和成果推广的动力，进而导致科学研究与社会需求互相脱节的状态，使得科学研究停留在低水平的重复阶段、科研投入与产出严重不符，也使得科研人员成为单纯为研究而研究的“研究者”。这从另一种角度看，正是对科研成果推广制度和政策的召唤和需求（此项制度在“需要建立的制度调查中”所占百分比排第2，占到51%）。

③ 科研绩效评价考核制度缺乏或执行不力。课题绩效评价与考核主要是通过对科研项目从立项、执行到完成、推广和效益等方面进行的量化测评。有效的绩效评价制度能够对科研人员产生导向作用，有利于调动科研人员的积极性。

绩效评价考核制度的缺乏，工作考核指标没有具体量化，对科研人员的考评、科研人员的岗位津贴、岗位级别、奖励惩处只与主持或参加了多少个课题，获得了多少个成果和在成果中的排名相关，这就将科研人员引导到一个误区，使得科研人员都积极地挂名多个课题，多个成果，至于做不做工作，工作量多少，贡献多少关系不大，致使干多干少都一样，干与不干一样，勤恳工作的人业绩和成果反而不如一些不做、或不怎么工作的人，干工作不如搞好关系，把名字排的靠前一些，这极大地挫伤了科研人员的积极性。

这也正是87%的被调查人员认为必须建立和完善科研绩效评价考核制度的原因所在。

（2）已有的科研管理制度不完善。

① 科研奖励机制不合理，奖励不全面，不灵活。科技人员之所以对单位科研奖励制度的认可度较低（占50%左右），认为科研奖励制度执行情况不佳，主要是基于单位的科研奖励制度还没有最大限度地调动起广大科研人员科技创新的积极性，没有激发出他们为科研事业挖掘自身潜能的热情。

目前各单位的科研奖励就纵深而言，缺乏由低到高的逐渐升级的层次性，不能适合处于不同角色、不同需要层次科技人员的激励，另外在奖励的范围和着眼点上往往只注重“某一点”或“某几点”的拔尖奖励或部分奖励，而不重视全体员工积极性的全面提高，这样就出现了科研奖励制度只有部分人比较满意的局面。

科研队伍是一个很大的科研群体，人员相当广泛，既有从事研究工作的科研人员，也有科研管理人员（包括专职和非专职管理人员），还包括科研辅助人员，他们共同组成了科学研究的团队，组成了科研单位这个整体，都关系到科研事业的兴衰。目前的科研管理奖励大多只规定了关于论文和科技成果的奖励，涉及的人员也只是一小部分，无法调动起整个团队的积极性。这就容易造成“短板”效应，不利于整体团队建设和团队精神的培养，不利于科研整体实力的提高。

② 人才的后备选拔和长期培养制度不完善。科研事业发展的基础是人才，没有一流的人才就很难取得一流的成果，人才决定着事业的兴衰。

在调研中，46%的被调查者认为，单位没有把人才的长期培养、选拔和吸收提到重要的日程上，人才的发展基本是靠老同志的“传帮带”熟悉业务和自身寻求多种途径。这种方式毕竟具有局限性，很难出有较高学术造诣、成绩显著、有较大学术影响、有较强的科研组织领导能力和创新能力，善于出思想、出题目，能及时发现人才、培养人才和使用人才的领军人物。

3.1.1.2　项目全程管理中存在的问题

从调查来看，目前各单位比较重视项目的全程管理，对项目的执行过程中的监督检查已成为日常工作的一项重要内容，但仍存在一些不尽如人意之处，存在的主要问题涉及四个方面的内容。

（1）学术交流未形成制度，学术气氛不够浓厚。不交流就是故步自封。近几年，随着我国科研经费的不断增多，为了营造良好的学术氛围，促进交流和沟通，提高广大科研人员的学术水平，各单位提供各种机会，积极鼓励科研人员参加学术交流会议，或邀请同领域有影响力的专家学者讲学，举办国际学术研讨会议等形式多样的学术交流活动。但这些学术交流活动大多是当时觉得有用，过后就不了了之，同时也存在没有实质内容的形式上的交流，对科研人员的工作没有太大的帮助，导致科技人员对此不感兴趣，只是“听听而已”。这些都导致学术交流效果一般，远远不能满足科技人员对学术交流的需求，也没有达到学术交流应有的效果。

（2）过多的行政干预与课题制的精神有所矛盾。“课题制实施课题责任人负责制，课题责任人在批准的计划任务和预算范围内享有充分的自主权。也就是说，课题制以课题（项目）组为基本管理单位”，而不是依托单位。课题制是促进合理配置科技资源的重要机制，其定义明确了法律手段和市场机制是课题制有效实施的基本保障，提出资源配置市场化、责权关系法律化的基本思路。课题制要求在科技资源配置过程中避免过多的行政干预，遵循市场经济规律。例如根据科研人员的学术水平和能力选择课题负责人，而不是领导的好恶；由科研人员自由组成课题组等。在课题制管理模式下，依托单位的职能逐步从“管理型”向“服务型”转变。调查发现，在项目主持人的选择上，存在着单位行政干预偏多的现象（占到38%），造成了部分科研人员对项目负责人的确定有所不满。这与课题制实施的精神略有冲突。这也正是63%的被调查者都认为需要加大项目负责人的自主权、自由度和责任心，让项目主持人成为真正的主人翁的原因所在。

（3）依托单位与上级主管部门沟通联系不够。在调研中发现，科研人员的项目申报信息大多是靠自身通过各种渠道（包括网站、E-mail、电话、上级部门、纸质文件、专家、熟人等）获得的，来自本单位科研管理部门和单位领导的项目申报信息很少。而科研人员（占到65%）强烈的希望科研管理部门能够加强与上级主管部门联系、沟通，在了解国家需求和政策的基础上，对科研人员有目标、有针对性地开展科学研究等方面给予引导和帮助。

（4）科研项目执行过程中的绩效评价体系不够完善。在项目全程管理中，再次涉及科研项目执行过程中的绩效评价考核体系的建立、健全，看来这已成为广大科技人员迫切要求建立和完善的制度。

3.1.1.3　人财物等科研资源的配置方面

（1）人力资源的配置。科研团队是以梯队带头人为组织核心，有较合理的学历结构、学缘结构、职称结构、年龄结构的从事科学研究工作的科研群体。在一个科研团队中，既需要有较高学术造诣、成绩显著、有较大学术影响、有较强的科研组织领导能力和创新能力，善于出思想、出题目，能及时发现人才、培养人才和使用人才的具有高级专业技术职务的领军人物，也需要科研能力强，基础理论扎实，勇于创新，学术和专业水平较高的年轻后备人才和处理项目实施中的日常勤杂琐事的科研辅助人员。才能实现各管一摊、各负其责、各尽其职的完善的人才梯队。因此，人才梯队建设，科研项目组成员的选拔尤为重要。

但是在调查中发现，科研项目团队中存在着部分名存实亡的团队（占到1/3）。课题参加人虽与主持人签订了合同，却不为课题服务，只是简单的挂名，导致课题执行人员缺乏，项目的执行只能靠个别项目组成员或是主持人自己去完成，导致项目执行人负担过重，各项工作应接不暇，不能很好地完成科研项目。

并且35%的科研团队人才配备不是很合理，其人员组成不能满足科研项目实施的需要，主要缺乏的是领军人物（53%）和科研辅助人员（33%），其次是有一定科研基础的一般科研人员（30%）。

（2）财力资源配置。目前，各科研单位对经费的监管措施非常有力，有近一半的单位所有的经费支出都需经过主持人、科技处、财务处和单位领导审批，缺少任一环节都无法执行，这在对经费执行有力监督的同时，也给项目的执行制造了困难，导致了项目经费支出难、报账难的现状。规定过多过细，条条框框过多，过于死板，不符合科研项目的不确定性；报账手续过于烦琐，项目主持人几乎没有经费执行自主权，致使科研经费执行有困难，影响了科研进程。

（3）物力资源配置。在调查的各单位中，有55%的科研仪器设备是课题组自行管理，课题组各自为政，小作坊式的管理模式造成重复购置导致资源不能共享，不利于科技资源优势的发挥。

3.1.1.4 科研管理队伍建设方面

（1）工作量大，人员编制相对较少。在科研管理的过程中，管理者一方面对上级各项政策、信息、计划进行传达和执行，又要完成所内各项科研计划的制定和科学研究过程中所有活动的组织、管理和协调。有部分单位的科研管理人员除此之外还肩负着研究生管理、重点实验室、基地、台站等科技平台建设、学术交流的组织及科研的对外宣传等与科研相关的其他活动的组织和协调工作，可以说工作量非常之大。再加上科研项目逐年增多，使得科研管理工作愈加繁重。但现实中，科研管理人员数量非常有限，造成人手严重不足，导致管理人员忙于应付各种日常的事务性管理，没有更多的时间和精力进行深层次的思考，投入管理创新工作。

（2）科研管理人员存在后顾之忧，导致不能安心于本职工作，积极性不强，服务意识、创新意识较差。科研管理工作的创新难度不亚于农业科技本身的创新。科研管理的创新可以营造良好的科研氛围，更大地激发科研人员的创新潜能，推动科研活动的科学化进程。课题制管理，使得科研管理成为一种职业。科研管理队伍的职业化、专业化成为必需，这不仅要求科研管理人员在项目的全过程管理中要有高度的事业心、责任心，还要具备相关的业务知识、科学知识和项目管理素养，否则难以适应课题制科研管理的新要求。

科研管理队伍的职业化、专业化首先必须在工作精力和工作时间上得到保障。但是很多科研管理人员存在着后顾之忧，不能安心、专心的做好管理工作。在调研中发现，有40%的科研管理人员在担负着繁重的管理工作的同时，还兼职科研工作。人的时间和精力是有限的，将大部分时间和精力放在科研上，就没有太多时间和精力用于管理，不仅影响到自身从事的科研工作，也必将影响到单位的科研工作。工作时间和精力都无法保证，服务和创新就更无从谈起了。

3.1.2 就上级主管部门和政策执行层面发现的问题

3.1.2.1 科研人员对于国家政策的理解或认识存在偏差

目前的课题验收形式主要以上级主管部门组织验收为主，并且大部分科研人员（57%）比较赞同项目主管单位组织的项目验收形式，但是，目前我国正逐步推行第三方中介对科研项目进行验收，这样的验收方式能够更好的监督项目的实施结果。已经有一部分科研人员（29%）对此有了一定的认识和了解，但大部分科研人员对此并不赞同，这一制度的推行有待于加强宣传。

3.1.2.2 科研经费的管理尚不完善

（1）项目结余资金管理不规范。基层单位普遍存在课题结余经费的问题，尽管国家已经出台结余经费管理规定，但上有政策、下有对策，基层单位不愿将结余经费上交，这既有单位面子问题，也有单位的留着好花的“小算盘”问题。

（2）科研人员及科研项目的实际需求与上级主管部门的规定存在矛盾。

① 科研项目需要前期经费和后续经费。对于项目课题结束后的自留（结余）经费问题，调查显示75%的课题都留有一定的自留经费，主要用于鉴定、报奖和下一个项目的前期费用，且88%的被调查者认为项目有必要留有一定的自留经费，且应该将该部分内容列入课题预算之中91%的被调查者这样认为。这些观点与我国科研经费的使用规定存在矛盾，但是这笔费用又是科研工作者在进行科学研究中所必需的

经费。

在目前的情况下，这个矛盾可以由项目结余经费来解决，项目结余经费可用作新项目的预研与启动经费（或发展基金），也可用于项目结题后的后续鉴定、报奖工作。但是从另一个角度来看，又促使科研人员在编制预算的过程中会放大某些经费的预算额度，故意造成经费的结余，也可能导致科研人员在执行项目的过程中节省项目的某些费用，故意结余资金，这些都是科研经费的管理和项目执行的不利因素，若从根本上解决问题，还是要实事求是的开展调研，完善项目经费预算制度，制定项目结余资金管理制度，让科研人员和管理人员都有章可循，有据可依，指导经费合理使用。

② 科研经费下达不及时，主管部门要求不切实际。在调查中发现，40%的被调查者表示科研经费不能按预算时间拨款，往往是该用钱时没钱，钱来了就要马上花完，不符合实际。北京大学的一位博士生告诉《科学时报》记者，“我导师申请的一个项目，经费终于到账了，但是就剩一个月了，要赶紧找发票报销。”很多承担课题的科研人员都遇到过这样的情况：年初的预算项目，该用钱时没钱；快到年末时钱终于来了，但要求必须在年末花完，否则就会被收回去。很显然，这样的要求很不合理也不切实际。

③ 单位不能提取足够的项目管理费用，降低了管理积极性。有部分被调查者认为，单位不能提取足够的项目管理费用，降低了管理积极性。在各国惯例中，科研机构需从项目经费中提取一定额度的管理费，但是在国内争议诸多，究竟

该以何等条目提取、提取多少，缺乏合理明确的规定。中国科学院自动化研究所计算智能与系统中心主任刘德荣在接受《科学时报》采访时分析，“单位不能提取足够的管理费，就没有管理的积极性。目前的状态是，课题组往往还需要和单位按年度计算办公室、水、电、煤气等管理费用，不但增加了课题预算的复杂度，也牵扯了科研人员的精力，并且促使科研人员不得不考虑到处申请课题的可能性——不出去申请课题，明年在哪里办公？”

3.2 原因分析

科研管理制度不完善，科研管理没能真正做到从科技人员和科研项目的实际需求出发，对课题制的理解和认识不够全面等都是造成种种管理问题出现的重要原因。

3.2.1 科研管理制度构建不合理

各科研单位科研管理中出现的主要问题其原因是多方面的，其中，“制度”因素是一个相当重要的方面。科研管理制度不够合理，在相当程度上导致了目前科研管理问题的产生，进而导致了科研问题的出现。

我国的科研管理是从行政管理中脱胎而出的，所以带有行政管理的痕迹，在很大程度上科研管理制度都是“自上而下”的管理者进行“管理”的工具。科研管理制度存在事务性倾向、科研管理制度忽视了科技人员的实际需要、科研管理制度的构建缺乏科技人员的参与。这是我国科研管理的共性问题。

（1）科研管理制度存在事务性倾向。在调查中，我们发现各单位的管理制度大多是围绕着科研这件“事”对一般性的、事务性的工作的规定，职能只是实现科研管理的一般性职能，管理制度也只是保证科研活动规范、有序的进行，对于挖掘科研创新潜力上还略显不足，缺乏时效性。这样的制度基本上是站在管理者的角度上构建的，以完成任务为导向，以单位科研管理者进行科研的管理工作为宗旨。这样的制度缺乏“人文关怀”，没有给予科技人员在科研方面足够的制度支持，制度中涉及“人”的内容较少，没有真正做到“以人为本”。

（2）科研管理制度忽视了科技人员的实际需求。在调查中我们发现，管理缺乏对科研实际需要的认识，科技人员在进行科研的过程中所得到的单位的帮助与他们的实际需求存在一定的差距，例如，组织科研培训、成果的推广、学术交流、人才引进、选拔和长期培养等都不在管理制度范围内或是不能满足科技人员和课题执行的需求。

（3）科研管理制度的构建缺乏科技人员的参与。普通科技人员参与单位的科研管理制度的构建是管理民主化的一种表现，也是管理“以人为本”的重要体现。它不仅体现了民主管理的形式，也决定了管理制度的时效性和可操作性，从而决定了管理的质量和科研的质量。“自上而下”的管理制度的构建，导致制度偏离科研工作的实际需要，偏离科技人员的实际需求。

（4）奖励激励等制度只针对部分人员进行，忽视了组织的整体性。课题制强调的“以人为本”，它揭示了这样一个真谛：一个国家的科技创新潜力、一个机构的科研创新活力源于每一个科技人员的创造力。即尊重科研团体中的每一个人，这既包括知名的专家学者，也包括普通的科研人员，还包括参与科研活动的管理人员和辅助人员。从制度上为每一个科技工作者创造良好的工作环境。

在当今知识经济时代，群体协作的精神显得尤为重要。一个优秀团队的力量要远远大于个人力量之和。因此，整个团队积极性的调动非常重要。正如比尔·盖茨所说的：“激励是调动人们积极性、创造性的一种好方法，激励在管理活动中具有积极的意义。对群体每个成员的激励，是提高全体活动效率的根本前提。”

每一个组织，都是由不同层次，不同年龄，不同角色和职能的人共同组成的，要提高组织整体的工作效能，就必须重视每一个环节能力的挖掘和充分发挥。在科研活动中也是如此。只是部分调动起部分科研人员或项目负责人、成果完成人等部分人员的积极性，其他部分课题参加人员，科研项目的辅助人员等其他一系列与科研直接或间接相关的人员因素被忽略，这些人员也是科研项目执行的必要力量，这些人员的积极性调动不起来，就无法利用好现有的人力资源。从某种意义上讲，加大了项目主持人的工作负担，不仅要去争取项目，还得处理各种关系，甚至连勤杂工作也需要亲力亲为。另外，只是部分调动积极性，还导致大部分力量都向这一部分集中，势必造成团队其他人员缺乏，产生“短板效应”，直接影响科研项目的执行、完成，影响整体的科研创新实力的提升。

（5）没有调动起科研管理人员的积极性，导致科研管理创新滞后。从事科研管理的许多人认为科研管理是为他人做“嫁衣”，自己的劳动成果得不到社会的认可，从而不专心从事科研管理工作，造成这一现象的原因有人为的也有政策的。从政策方面考虑，科研管理人员的工资待遇相对较低；管理人员职称评定与科研人员以同样的标准衡量存在不公平因素；没有管理人员的绩效评价与考核，奖励等机制，这些都从不同程度上挫伤了科研管理人员的工作积极性（包括专职和兼职科研管理人员）也就造成了科研管理人员在担负着科研管理重任的同时，肩负着科学研究，在工作时间和工作精力上不能得到保障，更无从谈及深层次的科研管理创新和高层次的科研管理服务，就导致了科研管理事务主义倾向，科研工作重复研究，无法发挥创新潜能。

3.2.2 对课题制的理解和认识不够全面，不够深入

过去的科研管理模式以单位为中心，课题责任人的自主性较弱，法律地位不明确，受到较多的行政干预，无法充分发挥其积极性与创造性。与传统的课题管理方式相比，课题制管理以课题为中心、课题的管理、组织和研究活动以课题组为基本活动单位进行，在批准的计划任务和预算范围，课题责任人享有充分的自主权，形成了责权利相统一、以课题合同为依据的规范的、平等的关系。在一定程度上，课题制使得组织单位对科研项目的直接控制弱化了，使得课题组和课题主持人的主体地位强化了，这有利于调动广大科研人员

的申请课题、参与课题的积极性。课题制要求在科研活动的组织管理和配置科技资源过程中要尽可能避免不必要的行政干预，严格遵循市场经济规则。目前，部分科研单位对课题制的认识深度不够，还没有从传统的行政管理中走出来，也就导致了过多的行政干预。例如，根据科研人员的学术能力和水平选择课题负责人，而不是领导的好恶；课题组组成由科研人员自主形成。

3.2.3 课题制本身不够完善，需要与时俱进，不断完善

一个好机制的形成需要时间，而且机制本身也有一个不断调整、完善的过程，这既包括认识上的，实施上的，也有环境条件等方面的，课题制也不例外。例如，对科研项目本身的需求，科技人员的需求和科研项目实施的实际情况等存在考虑不全面的情况。

4　不同科研单位及所在地区的科研管理水平潜力评价

4.1　评价方法及指标设定

根据已有文献，并结合调研数据，我们将科研管理水平潜力定义为科研管理制度、科研管理队伍以及已实施管理措施的综合，因此，科研管理水平潜力评价分析从科研管理制度、科研管理队伍和已实施管理措施等三个方面来展开，即科研管理水平潜力评价目标系统可以分解为这三个属性，每个属性的评价需要通过具体的指标来度量，一般情况下属性需要选取3个以上的具体指标，通过计算指标的平均值即可得到属性的得分。根据各调查单位实际情况以及专家意见，本书所选取的指标均为定性指标，但由于各个指标的值并不统一，因此，需要对其进行标准化处理，使各指标的数值均处于0～1。具体的处理过程是首先将每个指标设定一个参考值，指标的得分取决于其与参考值的差别，由于本书所选取的指标均为正向指标（越大越好），因此，将指标状态的最大值设定为参考值，则指标计算公式为：

$$X_i=(X-X_{min})/(X_{max}-X_{min})$$

其中，X_i为第i个指标的潜力量化值，X为指标当前值，X_{max}为X指标状态中的最大值，即参考值，X_{min}为X指标状态值中的最小值。

根据调查单位实际情况以及专家意见，本书设计了科研管理水平潜力评价指标体系，如表4-1所示，同时表4-1还列出了各个指标的参考值和参考值类型。

表4-1 科研管理水平潜力评价指标，参考值及参考值类型

Table 4-1 level evaluation index，reference value and reference types of scientific research management potential

目标	属性	指标	参考值	参考值类型
科研管理水平潜力	科研管理制度	课题申报、审批制度	1	最大值
		科研经费管理制度	1	最大值
		科研进展检查制度	1	最大值
		科研培训制度	1	最大值
		科研成果推广制度	1	最大值
		科研奖励制度	1	最大值
		课题执行绩效评价及考核制度	1	最大值
		科研资料管理制度	1	最大值
	科研管理队伍	科研管理人员编制	2	最大值
		科研管理队伍的稳定性	1	最大值
		管理人员的积极性	1	最大值
		科研管理工作感想	4	最大值
	已实施的管理措施	申报信息来源	4	最大值
		项目评审信息跟踪	3	最大值
		项目监督和检查	1	最大值
		科研项目验收形式	3	最大值

4.1.1 科研管理制度属性

科研管理制度属性由“课题申报、审批制度”“科研经费管理制度”“科研进展检查制度”“科研培训制度”等8个指标构成（表4-1）。这8个指标均为定性指标，分别从课题申报、经费、进展检查、培训、成果推广、奖励、绩效评价、资料管理将制度属性进行阐述，其中“课题申报、审批制度”主要是对科研项目工作前期准备所制定的制度，“科研经费管理制度”“科研进展检查制度”“科研培训制度”主要是指科研项目研究过程时制定的制度，“科研成果推广制度”“科研奖励制度”“课题执行的绩效评价及考核制度”以及“科研资料管理制度”主要是针对科研项目工作完结后的相关制度。这8个指标均为正向指标，因此选取调研样本的最大值作为参考值，对于这8个指标，计分标准：已经建立并能有效实施的制度计为1分，没有建立或者不能有效科研管理制度计为0分。

4.1.2 科研管理队伍属性

科研管理队伍属性由4个定性指标组成，其中“科研管理人员编制”这个指标主要用以反映科研管理人员结构的合理度，合理的人员结构可以更有效地完成科研项目工作。指标计分标准：基本合理计为2分，编制少，工作量大计为1分，而编制多，人浮于事，对于科研项目工作没有有利的影响，因此计为0分。“科研管理队伍的稳定性”是一个定性指标，稳定的科研管理队伍由于分工明确以及不存在人员流动而造成的工作搁置，使得工作效率较高。该指标的设定为具有稳定的科研管理队伍计1分，不稳定则计为0分。“管理人员的积极性”主要衡量管理人员对于科研项目工作的态度，积极的工作态度可以提高科研项目工作完成的准确度及速度。对于管理人员积极的工作态度计为1分，工作态度不积极计为0分。“科研工作管理感想”是科研项目人员对于现在所从事的工作的满意度调查，非常满意计为4分，比较满意计为3分，不能确定计为2分，不大满意计为1分，很不满意计为0分。

4.1.3 已实施的管理措施属性

已实施的管理措施属性主要由“申报信息来源”“项目评审信息跟踪”“是否进行项目监督和检查”“科研项目验收形式”4个定性指标构成。其中“申报信息来源”是用来反映高等院校或科研院所对于科研项目申报信息的获取途径。主要的信息来源有网站、E-mail或电话、本单位管理部门以及专家或熟人。“申报信息来源”的计分标准为：网站、E-mail或电话1分，专家或熟人1分，由于信息来源的主要途径是本单位的管理部门，为了突出这一来源的重要性，因此本单位管理部门记2分。“项目评审信息跟踪”是用于科研项目申报后，对于科研项目进展情况了解的负责人，即申请者本人、单位管理部门、单位领导各记一分。“项目监督和检查”是定性指标，用于分析在项目研究过程中，该单位是否对该项目进行监督和检查，以便能更好地对该项目进行研究。计分标准为：进行监督和检查记分为1，没有进行监督检查记分为0。“科研项目验收形式”是指科研项目完成以后对于该成果的验收，一般认为，主管单位组织验收是最好的验收形式，因此将这种形式记为3分，第三方中介验收记为2分，而单位组织验收相较于其他两种形式不太正式，因此将这种形式记为1分。

4.2 高等院校与科研院所科研管理水平潜力分析

根据上文构建的科研管理水平潜力评价指标以及指标标准化计算公式，可以计算所有调研单位的指标得分，然后将其分类为高等院校和科研院所，通过计算指标的平均值，最后将其汇总就可以得到对应的属性得分（表4-2）。

表4-2　高等院校与科研院所的科研管理水平潜力评价指标得分

Table 4-2　evaluation index score of scientific research management potential level between universities and scientific research institutes

潜力评价属性	潜力评价指标	高等院校	科研院所
科研管理制度	课题申报、审批制度	0.92	0.85
	科研经费管理制度	0.86	0.83
	科研进展检查制度	0.72	0.70
	科研培训制度	0.19	0.31
	科研成果推广制度	0.22	0.38
	科研奖励制度	0.53	0.73
	课题执行绩效评价及考核制度	0.36	0.45
	科研资料管理制度	0.47	0.70
	得分	0.53	0.62
科研管理队伍	管理人员编制	0.69	0.70
	科研管理队伍的稳定性	0.72	0.82
	管理人员的积极性	0.58	0.61

（续表）

潜力评价属性	潜力评价指标	高等院校	科研院所
科研管理队伍	对科研管理工作感想	0.35	0.23
	得分	0.58	0.59
已实施管理措施	申报信息来源	0.49	0.61
	项目评审信息跟踪	0.44	0.63
	项目监督和检查	0.81	0.97
	科研项目验收形式	0.54	0.80
	得分	0.57	0.75

将表4-2中各个潜力评价属性的得分绘制于雷达图上，见图4-1。顶点代表的是不同潜力评价属性，图形中心代表为0，顶点代表为1，将图形中心与顶点连接在一起，各个属性的潜力得分就可以被绘制在该线上，这个点越接近顶点，就认为这个点所代表的属性的未来潜力越高（最高为1）。用不同的线将各个潜力评价属性得分连接起来，就可以看出不同单位各属性未来潜力情况。在图4-1中，实线条代表高等院校各属性的潜力得分，虚线条代表科研院所各属性的潜力得分。

在图4-1中可以看到，科研院所在科研管理制度以及已实施管理措施这两个属性上都优于高等院校，其中已实施管理措施最为明显，而科研管理队伍属性上，高等院校以及科研院所得分接近。

科研管理制度方面，科研院所略优于高等院校。指标层面上，课题申报、审批制度、科研经费管理制度、科研进展检查制度上高等院校及科研院所相差不大，并且得分都比较高，说明高等院校及科研院所在这三个制度方面做得比较好，制度的设定也比较全面，而高等院校和科研院所在科研培训制度、科研成果推广制度以及课题执行绩效评价及考核制度方面得分较低，表明这两个机构在这三方面制度的制定较欠缺，还没有形成比较稳定的制度，在科研奖励制度、科研资料管理制度方面，科研院所明显优于高等院校，这是因为科研院所相对于高等院校更专注科研项目，因此，鼓励工作人员多申请科研项目，因而在奖励、资料管理制度方面更完备。

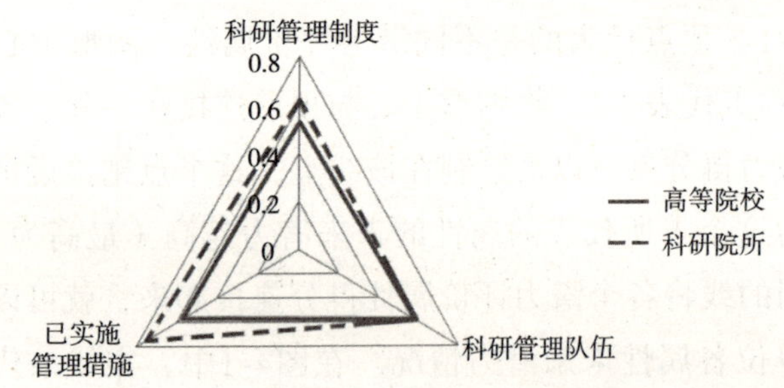

图4-1　高等院校与科研院所的科研管理水平潜力评价属性分析

Figure 4-1　scientific research management level of potential evaluation attribute analysis

科研管理队伍方面，高等院校和科研院所得分接近，表明这两个组织在队伍方面构成类似。指标层面上，科研院所在管理人员编制、科研管理队伍的稳定性、管理人员的积极性方面略优于高等院校，这是由于科研院所一般都有一套全面系统的管理，有利于管理人员编制、队伍的稳定性等方面稳定发展，而在对科研管理工作感想方面高等院校和科研院所得分都比较低，高等院校相对要优于科研院所，主要是因为高等院校是由学校的学者自主的进行科研项目的研究，相对于科研院所压力小，因此满意度相对更高。

已实施管理措施方面，科研院所得分0.75，高等院校为0.57，科研院所明显优于高等院校。指标层面上，高等院校和科研院所在项目监督和检查指标上得分都比较高，科研院所相对高等院校更好，表明这两个组织都有良好的项目监督和检查。而在申报信息来源、项目评审信息跟踪以及科研项目验收形式上，科研院所要好于高等院校，主要是因为科研院所在信息来源、信息跟踪以及项目验收上相对于高等院校更正式，因此得分相对更高一些。

表4-2在给出了各个指标得分的同时，也计算了每个潜力属性的得分，目标系统的总潜力由各个属性的平均值得到，表示各个属性具有同等的重要性。从最终科研管理水平潜力计算结果来看，科研院所未来的潜力要高于高等院校，在图4-2中，所有被调研单位的潜力得分为0.62，高等院校潜力得分为0.56，科研院所的潜力得分为0.65。科研院所的科研管理水平潜力得分既高于高校，也高于所有单位的得分，说明未来科研院所的科研管理水平潜力巨大。

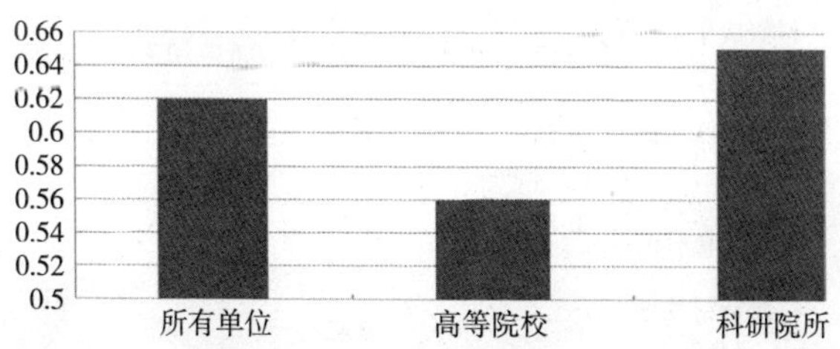

图4–2　高等院校和科研院所科研管理水平潜力分析

Figure 4-2　scientific research management level potential analysis

4.3 不同省份科研管理水平潜力分析

由于本书问卷是对黑龙江、北京、内蒙古、河南、吉林、青海、甘肃这7个省市区13个农业高校及科研单位的在职科技人员进行的调查，因此，本书按不同省份分类进行分析。运用科研管理水平潜力指标评价体系，先计算所有单位的潜力评指标得分，并按照省份分类计算每个属性下所有指标的平均值，最后将其汇总就可以得到表4-3不同省份科研管理水平潜力评价指标得分情况。

表4-3 不同省份科研管理水平潜力评价指标得分

Table 4-3 potential evaluation index score of scientific management in different provinces

未来潜力	潜力评价指标	黑龙江	北京	内蒙古	河南	吉林	青海	甘肃
科研管理制度	课题申报、审批制度	0.86	0.95	0.88	1	1	0.83	0.4
	科研经费管理制度	0.86	0.81	0.86	1	1	0.67	0.6
	科研进展检查制度	0.86	0.67	0.74	0.2	1	0.83	0.7
	科研培训制度	0.43	0.29	0.16	0	0.8	0.67	0.1
	科研成果推广制度	0.57	0.29	0.12	0.6	0.7	0.83	0.2
	科研奖励制度	0.86	0.76	0.44	1	1	0.83	0.5
	课题执行绩效评价及考核制度	0.71	0.48	0.33	0	0.8	0.67	0.4
	科研资料管理制度	0.71	0.67	0.42	1	1	0.5	0.7
	得分	0.73	0.62	0.49	0.6	0.91	0.73	0.45

（续表）

未来潜力	潜力评价指标	黑龙江	北京	内蒙古	河南	吉林	青海	甘肃
科研管理队伍	管理人员编制	0.86	0.69	0.69	0.7	0.65	0.92	0.6
	科研管理队伍稳定性	0.86	0.76	0.74	0.4	1	1	1
	管理人员的积极性	0.57	0.67	0.58	0	0.8	0.83	0.8
	对科研管理工作感想	0.36	0.25	0.32	0.25	0.15	0	0.35
	得分	0.66	0.59	0.58	0.34	0.65	0.69	0.69
已实施管理措施	申报信息来源	0.48	0.57	0.53	0.83	0.7	0.56	0.43
	项目评审信息跟踪	0.43	0.67	0.49	0.4	0.7	0.92	0.6
	项目监督和检查	1	0.95	0.79	1	1	1	1
	科研项目验收形式	0.57	0.64	0.62	0.75	1	1	0.85
	得分	0.62	0.71	0.61	0.75	0.85	0.87	0.72

将表4-3中各省份潜力评价属性的得分绘制于雷达图4-3上。图中每个顶点代表一个省份，图形中心代表为0，顶点代表为1，将图形中心与各个顶点连接在一起，则各省份的属性得分就可以绘制在这条连线上，这个点越接近顶点，就被视为这个点所代表的某省份的这一属性未来发展潜力越高（最高为1）。用不同的线将要进行比较的这7个省份的各个属性得分连接起来，就可以看到不同省份各个属性的未来潜力情况。在图4-3中，实线条代表制度属性在各省份得分，虚线条代表科研管理队伍属性在各省份得分，点线条代表已实施管理措施属性在各省份得分。

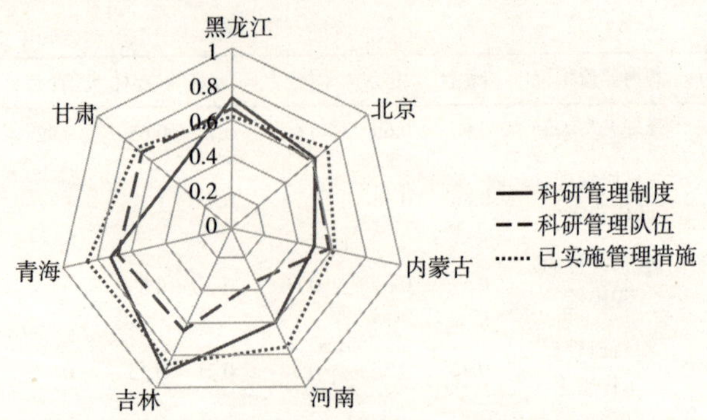

图4-3　不同省份科研管理水平潜力属性分析

Figure 4-3　potential properties analysis of scientific management level in different provinces

在图4-3中可以看出在科研管理制度属性上，吉林要优于其他省份，青海、黑龙江的表现略次于吉林，表现最不好的省份为甘肃。科研管理队伍属性上，青海、甘肃、黑龙江、吉林的得分接近，并且略优于其他省份表现。在已实施管理措施属性上，青海的得分最高，其次是吉林、河南、甘肃、北京、黑龙江以及内蒙古自治区（全书简称内蒙古）。

科研管理制度属性上，吉林省得分最高，为0.91，优于其他省份，表明吉林省在制度的制定上比较全面。表现在指标层面上就是，吉林省除了在科研成果推广制度上略差于青海外，其余的7个指标均要好过其他省份；黑龙江、北京的科研培训制度和科研成果推广制度这两个指标得分相对较低，而其他指标得分都比较高；内蒙古、甘肃这两个省份的制度属性得分都比较低，主要是因为在制度的制定上有比较欠缺的地方，如内蒙古在科研奖励制度、课题执行的绩效评价及考核制度、科研资料管理制度指标上表现不好，甘肃在课题申报、审批制度、科研成果推广制度等制度指标上得分较低，使得制度属性得分较差；青海在这8个指标的得分上比较均匀，相对而言在科研资料管理制度上表现稍差；河南制度属性得分居于7个省份的中间，指标上表现比较极端，如在课题申报、审批制度、科研经费管理制度上得分为1，在科研培训制度、课题执行的绩效评价及考核制度上得分为0，因此，需要平衡发展，才能提高未来发展潜力。

科研管理队伍属性上，吉林、青海、甘肃以及黑龙江得分接近，并且略优于其他省份，说明这4个省份在队伍的构建以及队伍成员间的协作方面都已形成一套稳定的机制，在指标层面上，青海及黑龙江的管理人员编制最合理；科研队伍的稳定性上吉林、青海、甘肃及黑龙江表现较好，河南表现相对较差，仅为0.4；管理人员积极性上吉林、青海、甘肃得分较高，说明这三个省份的科研人员积极性相对较高，而通过调查发现，河南省科研人员对于科研项目工作表现不够积极；在对科研项目工作的感想上7个省份的科研人员都不太满意，尤其是青海，对科研项目工作满意度最差。

已实施管理措施属性上，各省份得分都比较高，其中吉林、青海略优于其他省份，表明各省份在实施的管理措施上取得了很好的成绩。表现在指标层面上，河南以及吉林省在申报信息来源上相对其他省份更正式，而黑龙江、北京、内蒙古、青海及甘肃得分接近，申报信息来源方式相近；青海在项目评审信息跟踪表现更好，达到了0.92，远高于其他省份，黑龙江，河南与之差距最大，表明青海更重视科研项目进行过程中的信息；项目监督和检查得到了各省份的重视，使得这一指标在各省份得分都比较高，尤其是黑龙江、河南、吉林、青海和甘肃；科研项目验收形式这一指标表现最好的是吉林和青海，这两个省份主要是以主管单位组织验收，比其他方式更正式，而黑龙江、北京和内蒙古得分相对较低，主要是因为在这三个省份主要以依托单位组织验收和第三方中介这两种验收形式，为了提高这一指标的得分，未来需要更多地依靠主管单位组织验收，这样验收过程正式，结果也相对更加可靠。

表4-3不仅列出了各个指标得分，同时也计算了各个潜力评价属性的得分，科研管理水平潜力目标系统的总得分就可以通过计算各个属性的平均值得到，计算结果如图4-4所示，从最终计算结果来看，黑龙江的未来潜力为0.67，北京为0.64，内蒙古为0.56，河南为0.56，吉林为0.8，青海为0.76，甘肃为0.62，未来发展潜力最高的是吉林，主要是因为吉林的各个属性表现都比较高且平均，使得它的未来的潜力水平最高。而北京、内蒙古等地属性得分不平均或每个属性的表现都不太高，使得未来发展潜力不高，需要加强管理。

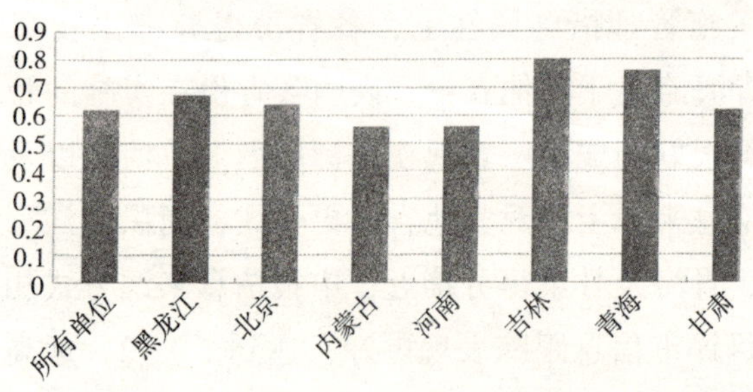

图4–4 不同省份科研管理水平潜力分析

Figure 4-4 Potential analysis of scientific research management level in different provinces

5 结论及对策建议

5.1 结论

随着我国经济的蓬勃发展，我国的科技、教育、经济将逐步与世界各国趋于融合，进一步改革科技计划管理已成为当前科技与经济形势发展的迫切要求。分析科研管理中面临的问题，完善科研管理体系，提升科研管理潜力，并积极探索加强科研管理、提升管理潜力的有效措施和对策，使科学研究产生更好的社会、经济效益显得尤为重要。本书结合已有文献和管理工作实际，在对我国北方的农业科研及科研管理现状进行了系统、全面调查的基础上，构建了科研管理水平潜力评价指标体系，利用调研数据对高等院校和科研院所的科研管理水平的未来潜力进行比较分析；系统的归纳了科研管理中存在的主要问题，从主观与客观方面剖析了产生的原因，有的放矢地提出提升我国科研管理潜力的解决方案及对策。本研究以现实状况调查为基点，具有较强的针对性、可靠性和可操作性，并为今后的科研管理研究提供资料和理论借鉴。

本研究得到以下一些结论。

（1）目前在课题制管理模式下，我国科研管理存在的主要问题包括两个层面。一是项目依托单位管理方面问题：①科研管理制度建设有待完善。科研培训、科研成果推广、学术交流等制度缺乏，人才的后备选拔和长期培养制度不完善；科研绩效评价考核制度不完善且执行不力；科研奖励机制不合理，奖励不全面，不灵活等。②科研项目的全程管理中存在过多的行政干预，这与课题制的精神有所矛盾。③科研管理人员编制相对较少，但工作量很大；科研管理人员存在后顾之忧，导致不能安心于本职工作，积极性不强，服务意识、创新意识较差。二是上级主管部门和政策执行层面的问题：①科研经费的管理尚不完善，项目结余资金管理不规范，科研人员及科研项目的实际需求与上级主管部门的规定存在矛盾。②科研人员对于国家政策的理解或认识存在偏差，有待于加大宣传和学习力度。

（2）科研管理制度不完善，科研管理存在事务性倾向，没能真正做到从科技人员和科研项目的实际需求出发，对课题制的理解和认识不够全面等都是造成种种管理问题出现的重要原因。

（3）科研管理制度建设是提升科研管理潜力的重中之重。课题制本身不够完善，不同时期也有着不同的特点，并且科研活动和科研环境也在不断地变化和发展，因此，课题制有必要从实际出发，与时俱进，进一步完善其管理内容。

（4）以科研管理制度、科研管理队伍、已实施管理措施这三方面属性分别选择指标构建科研管理水平潜力评价指标体系，对高等院校和科研院所的科研管理水平的未来潜力进行比较分析，可以得出高等院校和科研院所的科研潜力水平以及各地区的发展潜力。

（5）实施课题制后，淡化了课题依托单位与主管部门之间的联系。课题制实施后，以课题为中心单元进行科研与开发，科研活动的基本单元是课题组，课题负责人被赋予了责权利相统一的责任，一方面强化了主管部门与课题负责人的直接联系，提高了科研人员的积极性，但同时也使得依托单位与主管部门的联系不够密切，这样又不利于科技资源最大限度地调动，不利于科学研究效率的提高，不利于科学研究的发展，也不利于促进多出成果，出好成果。

5.2 提升科研管理潜力的对策建议

5.2.1 提倡全员参与科研管理制度的构建和完善

从行政管理的影子中走出来，通过广泛的调研，拉近与科学研究实践的距离，了解科技人员的实际需求，让科技人员参与到管理制度的制定中，真正做到民主管理，实现科技创新。科研工作中所必需的管理、引导、培训、推广、处罚及奖励等制度与政策都是科研管理工作的重要内容，应进一步健全、完善科研管理工作制度，使其实现规范化、秩序化和制度化。

（1）建立科技培训制度，搭建学习、成长平台。将人员培训纳入科研规划中，与科研过程结合，制定切实可行的培训计划和制度，加强科技人员专业知识和技能的培训，促进管理人员和科研人员业务能力的提高。在培训环节上，要走出去，请进来，广泛收集了解科研需求信息，走出去，请进来，既要发挥所内专家、学科带头人的作用，又要充分利用所外资源提供理论指导，切实提高整体实力和水平。例如定期开展专题培训、邀请同行专家作科研讲座，加强理念的提升和方法的引导。让科研人员了解科研的诸多程序，包括项目申报、结题、验收、报奖、科研方法的具体操作等等；让管理人员加强信息获取、信息处理、服务沟通和管理创新的能力，等等。提高整体团队的素质和技能，切实为科技创新奠定坚实的基础。

（2）建立成果推广制度，实现科技人员的价值。科研成果推广转化作为科学研究的后续工作，是科学研究再生产的必要条件，对科研工作的持续发展具有深远的意义。只有在科研成果转化和推广的实际应用中，原有科研活动的不足和问题才能够体现出来，以找准科学研究努力的方向，为科学研究再生产创造条件，使科研水平不断提高。

科研成果的推广不仅使学术界、社会了解、承认和掌握科研成果，创造社会价值，使科研投入得到产出。同时，科研成果的社会价值和效益的实现正是科研工作者自身价值和水平的体现。科研成果被学术同行、权威机构和社会所承认，对于科研工作者来说提高了学术声誉，使其获得极大地满足感和自豪感，使科研工作者找到归属，找到科研工作的价值和意义，从而促进其科研积极性。

因此，很有必要建立科研成果推广制度，一方面尊重劳动成果，保护科研积极性，充分发挥知识效用；另一方面也能做到科学研究有的放矢，避免走弯路和重复研究。

可以以活动激发积极性，例如定期组织参加同行间，兄弟单位间的科研成果观摩研讨活动；每年组织一次单位的成果推广交流汇报会或研讨会，让年度成果奖获得者介绍自己取得的成果和采取的有效做法，并讨论提出进一步深入研究的建议和打算，对于表现突出的给予奖励。

（3）建立广泛的绩效评价考核机制。有效的绩效评价制度能够对科研人员产生导向作用，有利于科研人员积极性的提高。绩效评价考核指标使科研人员明白考核的结果是什么，知道考评什么，使科研目标具体化，知道自己的优势和差距，从而引导科研人员的行为，明确今后的努力方向。科研量化考核的结果同科研人员的岗位级别、岗位津贴、奖励惩处等紧密挂钩，通过量化考核，作出绩效评价，使科研人员阶段性的科研劳动业绩和成果得到认定，并按考评结果实施奖惩措施，使大家真正感觉到干多干少不一样，干与不干不一样，能够激励科研人员更加努力工作。

此外，科研绩效评价指标能为科研管理部门决策提供依据。有效绩效评价机制的建立及对科研效率做出的阶段性评价，能够使科研管理部门明确科研业绩的状态，包括科研人员与单位的科研能力和产出水平，科技资源的利用率，科研产出的质量水平，科研任务的完成效果等，找到本单位科研发展的制约因素，摸清科研中的薄弱环节，为科研决策提供依据。

结合实际情况、文化背景以及具体考评对象的特点，建立和完善广泛的科研工作绩效评价考核制度，根据科研项目考核指标、工作任务目标的完成情况，进行分阶段的科研工作量化考核，按照绩效进行评价，考核结果直接跟报酬挂钩，使各项工作形成争先恐后、积极向上的局面。

（4）建立起长期的人才培养和选拔制度，培养领军人物和后备人才。在人才任用方面，存在智能、知识、年龄、事业、素质等的群体结构差异，因而不仅要优化群体结构才能使人才结构合理、搭配得当，协调一致，发挥团队作用；而且要通过政策扶持筛选和培养一大批具有发展潜力和创新能力的学术骨干和中青年学术带头人组成学术梯队，或有意识的选派、引进一些优秀中青年科技人员到科研院所、综合性高校或国外进修学习，以保证科技队伍的可持续发展。例如建立所级人才培养制度，与绩效评价考核制度挂钩，注重实绩，通过公平竞争，评选出优秀的后备学科带头人和科研骨干，给予一定的待遇、奖励或选派学习，重点培养。

（5）进一步细化、完善科研奖励机制。科学有效地激励是推动科研工作大力发展的重要手段之一，是科研长期可持续发展的重要依托，对集体自身定位和整体目标的实现具有重要意义。

在每个组织中，职工角色、职能不同，需要层次不同，应获得相应层次的激励，建立科学、具体、灵活、全面的科研奖励制度，建立由低到高逐级升高的层次激励，发扬集体主义精神，调动整体积极性。并在激励的范围和着眼点上处理好点和面的关系，重视群体积极性的调动，注重全体员工积极性的全面提高。例如与全所职工工作绩效评价挂钩的绩效奖励制度；表彰科研先进个人，管理先进个人，成果推广先进个人，项目执行先进个人等形式多样的表彰激励。

（6）建立科研学术交流制度，营造良好的学术氛围。把学术交流活动纳入到科研计划当中，并以科技人员的需求为基点，发挥依托单位组织协调的职能，实行走出去，请进来的学术交流机制，营造良好的学术氛围，为科研能力的迅速提高制造沃土。随着我国科研经费投入的增多，各科研单位都积极鼓励科研人员走出去参加各种学术交流活动，但是科研人员自身存在一定的惰性，单位只有鼓励机制，没有约束机制，就导致部分学术交流在某种程度上存在游山玩水等旅游的嫌疑。建立科研学术交流制度，以制度的形式为广大科研人员彼此交流与分享各自的科研经验、研究成果等搭建平台，促进科技人员之间的相互沟通、了解、协作，促成和保障科研学术交流和团队合作。比如：以科研领域或项目类别为单位的科研经验总结交流会；鼓励和支持科技人员参加国内外学术研讨会，开阔视野，活跃思想，并定期召开参加学术会议的汇报会，作报告，谈体会，将学术会议的精神、成果辐射面扩大到全所范围；建立兄弟单位之间的学术交流制度等；定期召开论文发布、专题研究等学术性会议，为科研工作提供学术交流的平台，为科研工作者提供学术交流的机会，营造学术氛围，提升科技人员的学术水平。

5.2.2 发挥依托单位组织、协调资源的优势，创造良好的科研环境

（1）大力整合科技资源，搭建共享平台，实现优化配置和共享。改变各实验室各自为政的小作坊式模式，在整合的基础上联合共建实验室或组建大型的功能实验室，派专人统

一管理，可允许在质优价低的前提下提供有偿服务，使科学仪器装备等资源优势得到充分发挥。同时，适时开展闲置仪器的调剂工作及仪器升级改造工作，促进科学仪器的一体化服务。

（2）从科研人员的实际需求出发，想其所想，急其所急。发挥科研管理部门或依托单位的优势，加强与上级主管部门的沟通与联系，积极获取项目申报信息，了解国家政策和国家需求，以指导和引导科研人员开展科学研究；真正做到从科技人员和科研项目的实际需求出发，及时发现和帮助解决科研人员遇到的各种困难和问题，为开展科学研究创造宽松、融洽的科研环境。

5.2.3 解决科研管理人员编制不足的现状，提高科研管理创新

（1）发挥研究室等非专职管理部门或人员的长处，补充专职科研管理的不足。在科研管理工作量大，工作烦琐，人员编制少的现实状况下，非专职的管理部门作为补充显得尤为重要，再者各研究室主任都是在同领域内工作业绩和学术水平较高的带头人，专业知识丰富，又具有一定的榜样作用，因此，调动研究室等非专职管理部门的积极性，发挥其管理潜力，弥补专职科研管理部门的不足很有意义。

（2）加强信息化建设，实现网络化管理，提高办公效率。传统的依赖手工或者借助Excel等办公软件所进行的科研管理花费了大量的人力和时间，而且查询各种信息时也很不方便，数据共享性差。在中国农业科学院草原研究所科研管

理人员相对较少，科研及管理工作日益增多的状况下，提高中国农业科学院草原研究所科研信息管理效率，开发适合所内实际需要的科研管理办公系统，提高科研工作效率，以节省人力和时间，已成为当前的迫切需求。

（3）解决科研管理人员的后顾之忧，充分调动他们的积极性、提高服务意识和创新意识。应对科研管理人员进行定期的业务培训，使管理队伍专业化、职业化，以适应为科研项目服务的要求，同时科研管理人员应从烦琐的事务性工作中走出来并走出去，多参加学术活动，了解科研动态及学术前沿，了解国家政策和导向，才能更好地服务于科研；建立管理人员的激励、绩效考核和监督奖惩机制，以调动其积极性，增强其服务意识；还应解决其职称或职务问题，免去其后顾之忧，使科研管理人员安心于管理工作，投身于科研管理创新。

5.2.4 坚持从实际出发，深化认识，不断完善课题制

（1）加强对课题制的认识，促进课题制的实施。对课题制的认识不足，存在认识上的误区，在一定程度上影响了课题制作为一项制度的确立与实施。课题制的实施，要求科研院所、人事制度、经费管理等相关改革措施的出台都要从是否有利于激发科研人员的积极性和创造性出发，并将其作为检验改革成败的重要标准。应加深对课题制的认识，全面和准确地理解和把握课题制的内涵，充分认识实施课题制的重要意义，促进这项制度的顺利实施，同时加强宣传，为课题制实施奠定坚实的理论基础和创造良好的舆论环境。

（2）开展广泛调研，加强理论研究，不断完善课题制的相关内容。我们应该坚持从实际出发，在广泛调研的基础上，遵循科研规律，进一步加强课题制的理论研究，不断完善现行的各项课题制管理办法，使其更好地为科学研究服务，为科技创新服务。例如，完善科研项目结余资金管理制度建设，建立科研项目结余资金管理制度，规范结余资金管理；了解科研项目执行的实际需要，完善科研项目经费预算及管理制度等。

附　　录

关于我国科研院所和高等院校科研管理现状问卷调查

联系人：赵海霞

E-mail：zhaohaixia1982@126.com

填写说明：请选择相应的选项，填写在____（多项选择请按重要程度排序）。

例如，您的年龄：__B__

A．35岁以下　B．35～50　C．51～60　D．60岁以上

一、基本信息

1．您的年龄：____

A．35岁以下　B．35～50　C．51～60　D．60岁以上

2．您的专业技术职称：____

A．正高职称　B．副高职称　C．中级职称

D．初级职称　E．其他

3．您在单位的角色：____

A．科研人员，且主持过项目

B．科研人员，未主持过项目

C．管理人员

D．管理人员参与科研

E．科研人员参与管理

4．您的学历是：____

A．专科　B．本科　C．硕士研究生　D．博士研究生

5．您是否有在国外留学的经历：____

A．是　B．否

二、项目管理

（一）科研管理制度

1．您对本单位科研管理制度的看法是：（请在表格中画√）

序号	科研管理制度	已经建立并能有效实施的制度有（可多选）：	各项科研管理制度中，执行情况不佳的有（做多选3项）：	您认为迫切需要建立的制度有（最多选3项）
1	课题申报、审批制度			
2	科研经费管理制度			
3	科研进展检查制度			
4	科研培训制度			
5	科研成果推广制度			
6	科研奖励制度			
7	课题执行的绩效评价及考核制度			
8	科研资料管理制度			
9	其他（请说明）			

您认为这些制度中有哪些急需改进？____________

需要怎样改进：____

____

____

2．据您所知，本单位的科研管理办法执行情况：按重要程度排列____（可多选）

A．激励机制全面且及时实施

B．有明显的约束机制且得到执行

C．激励机制执行不及时

D．约束机制徒有虚名

E．执行不规范，只是部分执行，因人而异

F．名存实亡，基本上没有执行

G．差异化管理

3．本单位科研管理办法执行情况产生的结果是：____

A．极大地调动了科研人员的积极性

B．使单位的科研活动有序、规范的进行

C．令人失望，感觉可有可无

D．不公平，无论是否努力工作，结果没有太大区别

4．您认为提高科研人员科研积极性在制度执行上应遵照：

A．重惩重奖的差异化管理

B．轻惩轻奖

C．轻惩重奖

D．灵活把握

5．您认为是否有必要建立科技人员的绩效评价及考核体系：____

A．必要

B．不必要

C．说不清

若必要您认为评价和考核的内容应包括：按重要程度排列____（可多选）

A．诚信

B．承担课题数和质量

C．积极配合单位开展管理工作

D．课题任务完成情况

E．研究产出数和质量

F．若有其他建议，请补充：____________________

6．本单位科研人员申报项目的积极性如何：____

A．非常积极，只要有机会就参与申报

B．根据自己的精力和能力，适当参与申报

C．满足现状，有个课题做就可以了

D．不参加申报，收入差不多就可以了

原因是：____________________________________

7．本单位对申报成功的课题给予的奖励措施：____

A．资金配套

B．单位给予物质或精神奖励

C．晋职的重要指标

D．无奖励

8．您认为制约本单位科技创新的瓶颈是：____（可多选）

A．项目周期短，很难出创新性成果

B．创新意识不强，重复研究或跟踪研究较多

C．缺乏创新能力

D．管理机制僵化

E．没有或无法实现连续资助

F．没有较好的激励机制，很难激发创新潜质

G．没有较好的绩效评价机制，为研究而研究

H、不注重人才的长期培养和选拔，缺乏领军人物

I、制度不健全

（二）科研项目全过程管理

1．据您所知，本单位制定科技发展规划对单位的科研发展及科技活动是否具有指导作用：____

A．是　B．否　C．不了解

2．据您所知，本单位科研项目申报信息来源，按重要程度来自：____（可多选）

A．网站、E-mail或电话

B．纸质文件

C．上级部门

D．本单位领导

F．本单位管理部门

E．专家或熟人

3．本单位申报项目对科研项目主持人的选择方式：______

A．按照学科的发展和人才培养的需要由单位领导或管理部门确定

B．谁撰写材料谁就是项目负责人

C．谁组织撰写申报材料谁就是项目负责人

您对此是否满意：____

A．是　B．否

您认为合理的方式是：____

4．科研项目申报后，跟踪项目评审信息：____（可多选）

A．申请者本人

B．本单位管理部门

C．本单位领导

D．以上三方共同协作完成

5．本单位对科研项目是否进行项目监督和检查？

A．是　B．否

若答案为A，进行的监督检查对项目执行有无益处：____

A．有推进作用

B．只是形式，无太多益处

C．检查频次过高，增加了课题的负担

如果答案为C，您认为每年合理的检查次数：

A．1次　B．2次　C．3次及以上　D．其他（可补充）__

6．您认为较好的验收形式为：____

A．主管单位组织验收

B．依托单位组织验收

C．第三方中介验收

7．您对通过鉴定和奖励方法评价科研活动：____

A．认可　B．基本认可　C．不认可

8．您认为发表学术论文、出版著作在评价科研活动中：__

A．极为重要　B．很重要　C．重要　D．不重要

9．您认为科研项目的管理哪些方面需要加强：____（可

多选）

A．多组织学术交流和讲学，了解国际前沿和国内学术动态

B．加大项目负责人的自主权、自由度和责任心

C．加强与上级主管部门的沟通与联系，积极了解国家政策和需求，以指导本单位的科研活动

D．绩效评价体系不健全，很多项目虽然结题却无结果，造成国家资金的浪费

E．预算审核力度不够

F．进度考核不及时，缺乏全过程的动态监督

（三）课题制下人、财、物的配置状况

1．项目主持人是否有在批准的计划任务书和预算内享有一定的经费自主权（批准直接报账）？

A．有，权限10 000元

B．有，权限8 000元

C．有，权限3 000元

D．无

您认为课题主持人的经费自主权应在什么范围内：____

2．在您所参加或主持的大部分科研项目里，项目主持人与参加人是否能够分工明确，通力合作？

A．是，签订合同任务书，建立明确的责权利关系，并严格履行合同任务书

B．否，虽签订合同任务书，但形同虚设，大多数参加人只是挂名

原因是：____

____

3．您所在的课题组，团队的组成及组成方式：____

A．较长期稳定

B．临时拼凑，只是挂名

C．根据项目需要召集

D．项目主持人自行决定

E．管理部门确定

F．项目主持人选定，管理部门协调配置

4．您认为目前您所主持或参加的项目，人员配置是否满足各科研项目执行的需要：____

A．是　B．否

若不满足，从人才梯队和团队协作角度来看，您所在的项目组主要缺乏的人员是：____

A．领军人物

B．高级技术职称人员

C．中级技术职称人员

D．初级技术职称人员

E．科研辅助工

F．高学历人员

G．低学历人员

原因是：____

____

5．本单位科研项目预算编制由谁完成：

A．项目负责人

B．财务部门

C．项目负责人+财务部门+科研管理部门

D．其他（补充）________________________________

6．据您所知，本单位科研项目预算与实际支出：____

A．经常超出预算

B．基本按预算支出

C．和预算相比，实际支出较低

7．若科研项目预算与实际支出差距较大，其主要原因：按重要程度依次是____（可多选）

A．预算不合理

B．市场价格变化

C．经费下达不及时

D．科学研究的不确定性

8．本单位经费支出监督措施是否有力：____

A．是　B．否

采取怎样的措施：____（可多选）

A．所有课题经费支出都需经过单位管理部门审批

B．主持人有一定的自主权+单位管理部门联合监管

C．主持人说了算，单位定期检查或抽查

D．中介机构定期检查或抽查

F．单位财务部门给予指导性督促

9．据您所知，科研项目结余经费的走向是：____

A．上交主管部门

B．归依托单位

C．由课题支配

10．据您所知，课题组在课题结束后是否留有一定的经费用于鉴定、报奖及下一个项目的前期费用：______您认为是否

有必要自留经费：______您认为是否应将该部分内容列入课题预算中：____

A．是　B．否

11．您认为目前科研项目经费管理存在的主要问题是：____

A．条条框框太多，不符合科研工作高度不确定性的现实

B．单位不能提取足够的管理费，降低了管理积极性

C．不能按预算时间拨款，往往是该用钱时没钱，钱来了得马上花完

D．经费使用存在一定的随意性，挪用、挤占、转移课题经费的现象时有发生

E．规定的预算内容不细化，很难精确编制预算

12．据您所知，单位的科研设施和仪器设备的使用情况是：__

A．单位统一管理，可以实现共享（大型）

B．各研究室或课题组自行管理

C．主持人谁买（建）谁用，不能共享

D．重复购置建设，资源浪费

三、科研管理队伍建设

1．您认为本单位的科研管理人员编制情况如何：____

A．基本合理　B．编制少，工作量大

C．编制多，人浮于事

您认为有效地解决方法是：____（可多选）

A．增加编制

B．运用现代办公手段，实现信息化，提高工作效率

C．雇用外援（如研究生、临时工等）

D．裁员

2．本单位科研管理人员的来源或组成：按重要程度依次是____（可多选）

A．按照岗位招聘

B．其他部门调动

C．科研与管理兼职

D．项目自身配有专职科研秘书

3．本单位的科研管理人员如何进行职称评定：____

A．以同样的标准，与科研人员一同参加职称评定

B．与科研人员一同参加职称评定，但有适当的倾斜

C．走不同的系列，互相没有竞争

4．您认为本单位科研管理队伍是否稳定：____管理人员的积极性是否很高：____

A．是　B．否

若答案为B，其原因按重要程度主要是：____（可多选）

A．待遇低

B．工作量大，事务性工作过多，较为烦琐

C．晋升职务职称难

D．临时性工作多

E．没有成就感

F．得不到理解

G．没有相应的奖惩和激励机制

5．本单位科研管理人员在项目争取和管理中的作用主要是：（可多选）按重要程度依次是____________________

A．服务人员，需要什么提供什么

B．研究和掌握学术研究工作的特点、规律，制定相应的管理制度，创造良好的学术研究环境

C．配置单位各项关系和资源，为科研提供保障

D．通过协调、组织，搭建科研平台、创造科研条件

F．管理、监督，以管理实现服务

G．信息的整理整合，起到纽带的作用

H、其他（补充）：________________________________

6．您对本单位的科研管理工作感到：____

A．很不满意

B．不大满意

C．不能确定

D．比较满意

E．非常满意

有哪些方面的要求和建议：____________________________

____

____

7．据您所知，本单位科研管理部门在课题申报中哪些方面做得比较好（可按重要程度排序）：____________________

您认为产生这一结果的原因是：________________________

____

哪些方面做得不尽如人意 （可按重要程度排序）：________

____________您认为导致这一结果的原因是：____________

____

A．积极沟通，获取课题申报信息，落实项目

B．组织团队撰写课题建议书及可研报告

C．对课题申报材料进行形式、实质审查，并提出修改建议

D．协助课题组进行预算编制与审核

F．组织课题论证

G．积极跟踪项目评审信息

H．积极性很高，对本职工作充满热情

I．创新能力强，开拓能力强

J．服务意识强

8．您认为研究室等非专职管理部门的作用：按重要程度主要是：____（可多选）

A．研究室主任、学术带头人是学术管理队伍中的重要人物

B．协调和引导研究人员设定适合本学科、本专业发展的研究方向

C．协助专职管理部门督促科研人员在有效时间内保质保量地完成既定的目标

D．通过有效沟通等方式，使研究人员发挥创造潜力

F．配合、支持专职管理部门工作

9．认您为应该怎样发挥非专职管理部门（人员）的管理潜力：

____

____

10．您认为培养一支高水平的科研管理队伍的途径按重要程度主要是____（可多选）

A．人员结构配置合理

B．针对管理业务，定期培训

C．多参加学术活动，了解科研动态及学术前沿

D．积极了解国家政策和导向

E．制定激励、绩效考核和监督奖惩机制，调动其积极性

F．解决其职称评定问题，使其安心于管理工作

如有其他建议，请填写：______________________________

____

参考文献

白坤朝，汲培文，刘喜珍. 2004. 科学基金面上项目绩效管理的探索[J]. 中国科学基金，18（1）：56-57.

柴建军，陆涛. 2004. 浅谈激励机制在管理中的作用[J].中华现代医院管理杂志，2（1）：17.

陈淑媛. 2008. 浅谈科研管理队伍建设[J].承德石油高等专科学校学报（4）：102-104.

戴国庆. 2002. 关于课题制管理[J].中华医学科研管理杂志，4：8-10.

杜学亮. 2009. 高校科研管理队伍建设的现状及对策[J].管理观察（13）：145-146.

段德光，徐新喜. 2004. 对课题制的认识与思考[J].医疗卫生装备，5：46-48.

冯昌盛，张晓冰，孙铁民. 2003. 课题制对高校科技管理工作的影响[J]. 成都理工大学学报（自然科学版）（S1）：354-355.

甘霞. 2007. 完善高等农业院校科研管理激励制度的对策研究——以山西农业大学为例[J].安徽农业科学（30）：9 525-9 526.

龚玉芬. 2004. 设计阶段项目进度管理的影响因素分析及控制[D].天津：天津大学，51.

郭建宏. 2012. 科研活动的信息不对称与科研管理的作用：问题和对策[J].社会科学管理与评论，1：36-41，111.

郭颖. 2003. 加强科研管理队伍建设[J].中国社会科学院院报（2）：20.

郝立纺，聂占五. 2003. 科研课题的成本管理[J].河南科技（1）：17-18.

何景师，蒋键，陈搏. 2012. 国外产业研发的资助模式与管理政策比较研究[J].特区经济，5：96-98.

何忠良. 2008. 高等学校科研管理中的问题与对策[J].沈阳农业大学学报（社会科学版），2：33-36.

胡骏红. 2007. 科技计划项目全过程管理研究[D].北京：北京交通大学.

华琳，李栩辉. 2004. 基于课题制的科技管理探究. 中国科技论坛（6）：128-130.

中华人民共和国科技部，中华人民共和国财政部，中华人民共和国国家计委，等. 2002. 关于国家科研计划实施课题制管理的规定[M]. 杭州科技年鉴，1：175-178.

李兵，李正风. 2011. 课题制实施存在的问题与对策[J]. 科学与科学技术管理，12：5-11.

李兵，李正风. 2012. 课题制制度预期及实施成效分析[J]. 科学研究，1：66-71.

李桂荣，黄宏. 2003. 高等学校科研经费管理中的问题与改革思路[J].科技管理研究（6）：120-121.

李晋. 2009. 国家科技重大专项管理模式研究[D].北京：北京邮电大学.

李玲燕. 研究所课题制管理工作探析[N].中国社会科学院院报，2007-09-25（002）.

李蕴，李家军. 2007. 高等院校科研管理问题与对策研究[J].西北工业大学学报，6：94-98.

李志丹，张建国. 1999. 谈高校科研管理模式[J].科技·人才·市场（2）：33-37.

梁卫华，吴志华，叶深溪，等. 2003. 狠抓过程管理务求科研实效[J].中华医学科学管理杂志，16（4）：219-220.

廖淑琼. 2008. 科技项目管理存在的问题及对策研究[J].广西大学学报（哲学社会科学版）（S2）：245-248.

刘春芳. 1994. 高校科研管理模式新探[J].黑龙江财专学报（1）：80-83.

刘嘉. 2004. 加快实施科研管理课题制之我见[J].铁道建筑技术，6：66-69.
刘占莲，陈小立，杨建平. 2005. 谈新形势下高校的科研管理[J].科研管理，24（3）：65.
罗艳霞. 2005. 激励机制在医院管理中的应用[J].现代医院，5（11）：119.
毛慧玲. 2009. 企业医院科研管理现状分析及对策研究[D].吉林：吉林大学.
潘慧. 2011. 部分发达国家科技计划管理经验对我国的启示[J].广东科技，21：91-93.
秦竹，何立芳. 2008. 美国大学科研管理的模式及其启示[J].中国高等教育，3（4）：76-78.
曲蔷薇. 2008. 研究型大学科研管理评价体系研究[D].哈尔滨：哈尔滨工程大学.
宋鸿雁. 2012. 美国与英国高校科研管理专业化探析[J].黑龙江高教研究，2：10-13.
孙小虹，项滨. 2007. 医院科研档案管理创新的思考[J].中国医院，11（2）：62-64.
孙玉霞. 2008. 从高校科研项目管理现状看科研经费管理的思路[J].经济师（8）：125，148.
王东军. 2007. 提高科研管理工作水平的若干思考[J]. 有色矿冶，2：65-67.
王洪礼. 2013. 基层科研项目管理中存在的问题及对策分析[J]. 管理观察，19：107-108.
王化琴. 2012. 科技计划项目管理分析与研究[J].科技信息，16：96.
王明明，戴鸿轶. 2006. 我国科研课题管理的制度体系建设——现状、问题及对策[J].科学学研究（S1）：196-202.
王清，丁可可. 2008. 高校科研管理的现状及创新途径[J].煤炭高等教育，26（5）：66-67.
王延中. 2007. 科研项目课题制的几个问题[J]. 学术界（7）：47-60.
王义明. 2007. 课题制预算管理中存在的问题与对策建议[J].农业科研经

济管理，2：23-25.

闻海燕. 2009. 高等学校科研经费管理模式研究[D].陕西：西北农林科技大学.

吴林妃，吴敬华，张棋，等. 2009. 浅谈基层农业科研单位科研管理能力提升措施[J].农业科技管理（3）：22-25.

徐鸣华，顾奋勇，杜春桃，等. 2007. 我国高校与中科院现行科技管理模式的比较[J].研究与发展管理（5）：116-119.

徐修德. 2003. 知识管理在科研项目管理中的应用[J].现代管理科学（10）：105-108.

许寅超. 2005. 运用项目管理论提高医学科研管理水平[J].中华医学科学管理杂志，18（2）：76-77.

杨力. 2003. 论高校科研管理部门在团队建设中的作用[J].科技管理研究（1）：48-49，44.

臧春荣，谢素华，郑伟文. 2004. 科研项目课题制管理的实践与思考[J].湖南农业大学学报，5（6）：30-32.

张鸿翔. 2004. 建立科研管理过程中的信用制度[J].中国科学院院刊（3）：208-211.

张景勇. 2002. 国家科研计划为何实施课题制管理[J].林业经济，2：31.

赵凤，陈泰. 2012. 国内外科技计划组织管理模式经验及对安徽的启示[J].中国科技信息，8：259-260.

赵铮，顾新. 2008. 发达国家科技计划管理及其对我国的启示[J].科技管理研究，12：72-73，97.

郑存库. 2003. 论专业化科研管理队伍建设[J].科技·人才·市场（4）：35-37.

郑戈，张昭，杨礼胜. 2010. 发达国家重点实验室管理运行情况及启示[J]. 世界农业，4：5-8.

周增桓，袁凯瑜，赵醒村. 2006. 实用医学科研管理学教程[J].广州：高等教育出版社.

Corley EA，Boardman PC，Bozeman B. 2006. Design and the management of multi-institutional research collaborations：Theoretical implications from two case studies[J]. Research Policy（25）：975-993.

Marco T，Neil P，Giovanna S，et al. 2007. Combining social learning with agro ecological research practice for more effective management of nitrate Pollution[J]. Environmental seience&Poliey（10）：551-563.